さあ数学をはじめよう

バウンダリー叢書

さあ数学をはじめよう

村上雅人

海鳴社

バウンダリー叢書創刊にむけて

　かつてバウンダリーという月刊誌があった．
　アグネ社で「金属」という雑誌の編集をしていた小林文武氏がコンパス社という出版社を立ち上げて発刊した科学ジャーナルです．当初は，材料開発ジャーナルという位置づけでしたが，次第に文理融合型の情報雑誌に変わっていきました．その名のboundary（境界）を超越した雑誌となった感がありました．
　小林氏はある理由から，親友の辻信行氏（海鳴社社長）に，その権利を譲りたい旨話されました．残念ながら，月刊誌として存続するのは難しいという結論に達しましたが，バウンダリーが果たしてきた役割を叢書というかたちで再現することになりました．
　それが，バウンダリー叢書です．文系，理系に限定せず，いろいろな情報を多面的に発信する予定です．その創刊号が，『さあ数学をはじめよう』です．編集者みずから挑戦しました．

バウンダリー叢書

編集者　村上雅人

はじめに

　かつて教育課程審議会の会長を務めた作家が，奥さんの話として「数学の二次方程式の解の公式を習ったが，世の中で役にたったことはない」というようなことを審議会で紹介したと聞いたことがある．数学なんか習わなくとも，世の中で立派に暮らしていけるといいたいのだろう．

　この種の話はよく聞く．しかし，自分は数学を知らなくとも，知らず知らずのうちに数学のお世話になっているのも事実である．この世に数学がなければ大混乱になるのは必至であろう．「世に数学の用はなし」と，ある儒学者がいったのに対し，「世」ではなく「予（自分）」の間違いだろうと数学者の高木貞治氏が糾したという．

　ある雑誌から，このような逸話を題にした小文を寄せて欲しいと依頼を受けた．それを受けて書いたのが本書の第一章の「数学のない生活」である．数学を軽視した社会における混乱を風刺したつもりである．

　編集者からは面白いと絶賛されたが，その後，編集会議で問題になったという．内容が少し反社会的であるというのだ．「微積分」が社会のどこで役立っているか．「フーリエ解析」がどんな装置に使われているか．そんな当たり障りのない小文は問題なく掲載と決まったが，申し訳ないが，この文だけは掲載できないと

いう．

　いささか残念ではあったが仕方がない．その後，この章をきっかけにした数学の入門書を書いてみようと思い立った．数学でつまづくのは，中学校レベルが多いと聞く．それならば，「もう一度挑戦してみよう」と思うひとが手にしやすい本を書けないか．それが本書を著したきっかけである．

　数学などいらないと思っていた中年の坂下さんが，数学が得意な賀臼（ガウスと読む）さんから刺激をうけ，数学を軽視する社会に疑問を呈し，一念発起して数学を勉強しなおすという内容である．数学の不得意な坂下さんの視点にたって，中学数学の代数をまとめ直したものである．

　著者のねらいがどこまで成功しているかは，読者の判断にゆだねたいが，本書をきっかけに数学の面白さを再認識していただけたならば望外の喜びである．

　最後に，本書をまとめるにあたり，芝浦工業大学の小林忍さんに大変お世話になった．ここに謝意を表したい．

2009 年 2 月　著者

もくじ

バウンダリー叢書創刊にむけて・・・・・・・・・・5
はじめに・・・・・・・・・・・・・・・・・・・・7
第1章　数学のない生活・・・・・・・・・・・11
第2章　さあ数学を始めよう・・・・・・・・・18
第3章　無限に悩む・・・・・・・・・・・・・28
第4章　代数事始・・・・・・・・・・・・・・38
第5章　2次方程式に挑戦・・・・・・・・・・51
第6章　因数分解に挑戦・・・・・・・・・・・63
第7章　因数分解にしたしむ・・・・・・・・・76
第8章　無理数に挑戦・・・・・・・・・・・・91
第9章　直角三角形と無理数・・・・・・・・・107
第10章　2次方程式の解の公式・・・・・・・・119
第11章　虚数・・・・・・・・・・・・・・・・129
第12章　黄金比と2次方程式・・・・・・・・・138
第13章　数列・・・・・・・・・・・・・・・・145
第14章　数列の和・・・・・・・・・・・・・・162
第15章　フィボナッチ数列・・・・・・・・・・173
おわりに・・・・・・・・・・・・・・・・・・・184

索引・・・・・・・・・・・・・・・・・・187

第1章 数学のない生活

　坂下さんは，今年で四十五歳になる．いまは，中堅の商社である嫌数物産に勤めている．まだ，独身である．坂下さんは数学が大の苦手だ．小学校のときに，意地の悪い先生に数学でさんざんいじめられたのがトラウマになっている．その先生は，問題が解けないと，クラスのみんなの前で坂下さんをなじり，廊下に立たせた．それからは，数字を見ただけで鳥肌が立つようになった．だから，大学は，数学のいらない学科を選んだ．

　坂下さんがいまの会社に入ってまもなく，政府が数学を中学と高校の必修からはずすという大胆な決定を下した．小学校の算数も，足し算と引き算で十分だと宣言した．坂下さんはちょっぴり残念だった．自分が小学校のころに，こんな英断を下してくれていたら，あんな苦労をせずに済んだのにと．

　当時の首相は，こう言った．

　　「数学など何の役にも立たない．その証拠に，数学がまったくできなかった自分が，日本でいちばん偉い総理大臣になったではないか」

　この発言には，多くのひとが賛同した．その中のひとりは，もちろん坂下さんである．そして，くだらない数学を勉強している暇があるならば，もっと実用的な学問を学ぶべきだと首相は主張したのである．

数学教師や大学の先生のなかには，反対意見を言うものもあったが，多勢に無勢である．何しろ，世の中には数学嫌いの方がはるかに多い．あの頃から，会社の雰囲気も変わった．いい意味ですべてがおおらかに，悪い意味では，すべてがいいかげんになったような気がする．やがて，数学のできる人間は，日本の社会では出世できなくなってしまった．

　目覚まし時計の音で，坂下さんはベッドから飛び降りた．いつもながら，月曜日の朝は憂鬱である．坂下さんは舌打ちした．昨晩，うっかり時計の針を元に戻しておくのを忘れてしまったからだ．いつもより 1 時間もはやく起きてしまった．最近の時計は，めちゃくちゃである．時計製造会社が数学を使わなくなったので，製品ごとに時刻が違うのだ．坂下さんの時計は，12 時間を 11 時間で進んでしまう．だから，毎晩寝る前に，時計を戻しておかないといけない．

　坂下さんはテレビをつけた．すっかり慣れてしまったが，本当にテレビの映りが悪い．画面にぼんやりと人影がみえる．電機会社が数学を使わなくなったので，うまくチューニングができないのだ．坂下さんは，アメリカの番組にチャンネルをまわした．時間を確認するためだ．日本の番組では，正確な時間がわからない．坂下さんは時差を引いて，日本時間を確認した．そして，自分の腕時計の針も合わせた．坂下さんはため息をついた．世の中が数学を使わなくなってから，かえって自分が数学を使う機会が多くなったような気がしたからだ．

　会社に向かうために，電車の駅に到着すると，ホームから人があふれんばかりに混んでいた．昔は，時間ごとの乗客数を割り出して，電車の運行間隔を決めていたようなのだが，数学のできる

第1章　数学のない生活

　ひとが居なくなった電鉄会社では，計算が面倒くさいと，すべての時間帯で，電車を 10 分おきに走らせることにしてしまった．確かに，これならば簡単だ．しかし，これでは，朝夕が混むのは当たり前である．せめて 5 分おきにしてくれないかなと，坂下さんは超満員の電車に揺られながら思った．でも，数学なんかに頼るくらいなら，少しくらい生活が不便になってもいいのかもと思った．

　坂下さんの会社の業績は悪化の一途をたどっている．なにしろ，外国にものが売れなくなってしまったからだ．数学を大事にしなくなってから，日本の製品は不良品だらけだ．部品ごとの寸法が合わないのだから仕方がない．坂下さんの同期に賀臼（がうす）さんがいる．数学がよくできるというので，いまだに平社員だ．不肖ながら，坂下さんは課長である．

　前に坂下さんの会社は問題を起こした．直径 10cm の鉄筋のかわりに直径 6cm の鉄筋を納入してしまったのだ．少々，寸法は小さいが，それしか在庫がなかった．ところが，それが原因で，工事現場が崩壊した．坂下さんは 10 が 6 になったのだから，強度は 6 割程度で大丈夫だろうと思っていた．ところが，賀臼さんによると，強度比は

$$6 \times 6 : 10 \times 10 = 36 : 100 \cong 0.36 : 1$$

と 4 割以下になってしまうのだという．

　賀臼さんは
　　「強度は断面積に比例するから，直径の比ではなく，その 2
　　　乗の比で計算しなければならない」
と上司をなじった．坂下さんにも，その上司にも賀臼さんの言っ

ていることは理解できなかった．あの一件以来，賀臼さんの出世が止まった気がする．

ふと見ると，斜め前の席に座っている賀臼さんが数学の本を開いている．坂下さんはびくついた．こんなところを上司に見られたら，賀臼さんはクビになるかもしれない．坂下さんの心配をよそに，賀臼さんは冷たくこう言った．

「そういえば，坂下，お前に貸していた 20000 円を返してくれないか」

坂下さんは思い出した．先週，飲みにいったときに，財布を忘れて金を借りていたのだ．でも，坂下さんの財布には，それだけの金がなかった．申し訳ないと頭を下げると，賀臼さんは

「しょうがないな．今日は 2 円でいいよ」

と言ってくれた．坂下さんは驚いた．たったの 2 円？　すると，賀臼さんはこう続けた．

「そのかわり，明日はその 2 倍の 4 円，そのつぎの日は，さらに 2 倍の 8 円，これを，次の次の月曜日まで続けてくれればいい」

坂下さんは思わずにんまりした．こんな得な話はない．やはり，数学のできる人間はばかだ．坂下さんは，もちろん OK だと応えた．つぎの月曜日に，坂下さんは賀臼さんに 256 円を払った．そして，心の中でしめしめと喜んだ．

そして，最後の日の月曜日，坂下さんの顔は真っ青になった．なんと，その日の支払い額が 32768 円になっていたからだ．坂下さんは，銀行でお金を下ろすはめになった．

賀臼さんは

「2 の 15 乗円だよ」

と言ったが，坂下さんには何のことかわからなかった．

第1章　数学のない生活

「これを一ヶ月続ければ，支払いは10億円になるんだぞ」
坂下さんはちょっぴりくやしいと思ったが，それでもいいやと思い直した．自分のほうが会社では偉くて，給料が高いのだ．

その日，坂下さんは10年満期になる定期預金を下ろした．年利5%で，100万円を預けていたので，なんと50万円の利子がついている．150万円を手渡してくれた女性行員の顔は天使に見えた．

「あんな子ならお嫁さんにしたいな」
と思ったくらいである．3万円ぐらい大したことはない．

昼休みに，賀臼さんに最後の借金の返済をしながら，この話をすると
「お前はばかだな」
と言われた．

その銀行にだまされたのだという．坂下さんは，あのかわいい女性行員の顔を思い出しながら，そんなことはないと否定した．賀臼さんは
「5%の利子は複利計算だ．だから，2年目の利子は105万円に5%がつく．10年では1.05の10乗だから約1.63，つまりお前の取り分は163万円だったんだよ」
と言った．

そして，こんな式を書いてみせてくれた．

$$1000000 \times \underbrace{1.05 \times 1.05 \times 1.05 \times \ldots \times 1.05}_{10} = 1000000 \times (1.05)^{10}$$
$$\cong 1000000 \times 1.63 = 1630000$$

坂下さんには，さっぱり意味がわからなかった．賀臼さんの話が本当ならば，自分は13万円も銀行に騙されたことになる．

午後，坂下さんはちょっぴり落ち込んだ．自分はいくら損しただろうか．まず，賀臼さんにとられた金を計算してみよう．

$$2 + 4 + 8 + 16 + 32 + 64 + 128 + 256 + \ldots + 32768$$

坂下さんは，苦手な計算をしていった．途中で何度も計算まちがいをしたが，3時間ほどかかってようやく結果が出た．なんと，総額で65534円だ．そして，驚いた．自分は45534円も余分に払ったことになる．そのとき，後ろに殺気を感じた．部長がものすごい形相で坂下さんを睨んでいた．この会社では数学はご法度なのだ．

　夕方，賀臼さんが坂下さんに封筒を手渡した．中には40000円が入っている．

　「5534円は授業料としてもらっておいた．後の金は返す」
賀臼さんは本当はいい人なのだ．さらに

　「お前は，午後の仕事をサボって，金の計算をしていたが，
　　最後に払った金額から1を引いて，2倍すれば総額がでる」
と教えてくれた．最後にはらった金は32768円だ．これから1をひいて2倍する．言われたとおりに計算してみると

$$(32768 - 1) \times 2 = 65534$$

となる．坂下さんは，驚いた．自分があれだけ苦労して計算したのに確かに答えは同じだ．あの3時間はいったいなんだったのだろうか．それにしても，賀臼さんはどんな魔法を使ったのだろう．

　すると，賀臼さんは

　「初項(a)が2で，公比(r)が2の等比数列の和(S)だよ」
と言った．そして，式を書いた．

第 1 章　数学のない生活

$$S = 2 + 2 \times 2 + 2 \times 2^2 + 2 \times 2^3 + ... + 2 \times 2^{15}$$
$$S = \frac{a(1-r^n)}{1-r} = \frac{2(1-2^{15})}{1-2} = (32768-1) \times 2 = 65534$$

坂下さんにはちんぷんかんぷんである.

しかし，坂下さんは，自分も少し数学を勉強しようかなと思った．帰りの電車は，相変わらず超満員だった．まわりの乗客にもまれながら，ふと思った．賀臼さんに，この電車の運行を任せたら，混雑は緩和されるのではないだろうか．

家に帰って，テレビをつけた．相変わらず映りが悪い．そのとき，臨時ニュースが流れた．あの数学をけなしていた元首相が逮捕されたというニュースだった．公金を横領していたらしい．

坂下さんは悩んでしまった．いまや，日本は数学のできない政治家や官僚で埋め尽くされ，借金にあえいでいる．それなのに，税金をごまかした裏金づくりや年金の無駄遣いは当たり前である．坂下さんは決めた．

　「誰がなんと言おうと，自分は数学を勉強して賀臼さんのようになる」

すると，少しだけ，未来に希望が見えたような気がした．

第2章 さあ数学を始めよう

　坂下さんは賀臼さんにお願いして，数学を教えてもらうことにした．賀臼さんは
　　「坂下，お前本気か？　もう出世はないぞ」
と心配してきたが，坂下さんの覚悟は固かった．
　すでに，日本の借金は1000兆円を越えている．一日の金利だけで250億円である．途方もない借金であるが，相変わらず，政治家たちは能天気で，ほとんど使われない豪華な建物や道路をつくり続けている．坂下さんは，今朝も超満員の電車に揺られながら，このままでは，日本はだめになるとつくづく思った．
　賀臼さんは，数学などを勉強すると坂下さんの出世はないといっているが，もともと，この会社の業績も急降下している．近い将来つぶれてしまうだろう．
　賀臼さんは，坂下さんが本気なのを確認してから，こういった．
　　「ようしわかった．しかし，ただというわけにはいかない．
　　今日は授業料として2円もらう．明日は,その2倍の4円．
　　これを続けていこう」
坂下さんは
　　「もう，その手は食わないよ」
と即座に答えた．自分も学習したのだ．ちゃんと計算することの大切さを．勘にたよってはいけない．

第 2 章　さあ数学を始めよう

　賀臼さんはにこっと笑った．
　　「わかった．授業料はいらないよ．一度，飯をおごってくれ
　　　ればいい．なにしろ，課長様の給料は，ヒラ社員の 2 倍と
　　　聞いている」
　坂下さんは，そんなに差があるはずはないと内心思ったが，何
もいわなかった．
　　「それじゃ，今日は数字の勉強をしよう」
　　「数．そんなものは，いまさら勉強しなくとも，よくわかっ
　　　ているよ」
　すると，賀臼さんはいたずらをするように笑った．
　　「本当かい？」
　　「ああ，数字なんて小学生でも知っているよ」
　　「よしわかった．じゃ，質問しよう．自然数は知っているね」
　　「1, 2, 3, 4, 5,... のことでしょ」
　坂下さんは，0 や負の数はどうだったかなとちょっと不安にな
りながら答えた．
　　「まあ，そんなもんだ．0 と負の数は自然数には入らない．
　　　つまり，正の整数ということになる．自然数は英語では
　　　"natural number" という．実は，神がつくったのが，自然数
　　　といわれている．つまり自然に存在していた数ということ
　　　さ」
　坂下さんは思った．ということは，0 や負の数は，自然に存在
せず，人間がつくり出したということなのだろうか．
　　「坂下は足し算と掛け算は知っているな」
　坂下さんは少しむっとした．賀臼さんは完全に自分をばかにして
いる．
　　「実は，足し算と掛け算をしている限り，自然数だけで事足

りるんだ．ところが，引き算をしようとすると，自然数では間に合わなくなる．例えば

$$3-3 \qquad 7-9$$

という引き算の答えは自然数にはない．それで発明されたのが，0と負の数というわけだ．ただし，0が発見されるのは，負の数の発見よりもずっと後になる」

　ここで，坂下さんは違和感を持った．まず，賀臼さんは自然数は神がつくった自然にある数で，0と負の数は人間がつくったものといっていた．それならば，発見ではなく，発明という言い方が正しいのではないだろうか．それと，0の方が負の数よりも後に発見されたというのも何か変だ．0を通らなければ正から負の数に行けない．

「負の数は，借金のようなものと考えれば，金の貸し借りですぐ説明できる．ところが，0は何も無いということだから，その説明が難しいんだ．何も無いものに数をあてることには大きな意味はないと，ずっと考えられていたからだ」

　坂下さんは，釈然としなかった．賀臼さんは0を発見したのが誰かは特定できないが，インド人だという．5～6世紀の話なそうだ．それまで0がなかったとはにわかには信じられない．とても不便であったろう．

　そういえば，インド人は数学が得意と聞いたことがある．小学生の子供も九九ではなく，19×19まで暗記しているという．

「しかし，この0の発見が数学を飛躍的に進歩させることになる．0がなければ10や100という数字が書けないだろう」

第2章　さあ数学を始めよう

　確かにそうだ．このような表記を位取り記数法というと賀臼さんは教えてくれた．この記数法のおかげで，数学は飛躍的な発展を遂げたのだという．

　ふと坂下さんは思った．0 が発見される前の昔のひとはどうしていたんだろう．そういえば，時計の文字盤では 10 時のところは X で，12 時は XII と書かれているのを見たことがある．とすれば，10 を X としていたのだろうか．

　賀臼さんによると，X はギリシャ数字の 10 らしい．ちなみに，ギリシャ数字の 1 から 10 は

$$\text{I, II, III, IV, V, VI, VII, VIII, IX, X}$$

で 100 は C, 1000 は M と書くようだ．0 がないから仕方がないが，これでは見るからに不便だ．そこで，坂下さんは気づいた．何のことはない，日本の漢数字もそうではないか．10, 100, 1000, 10000 は，十，百，千，万と別々の漢字を使う．

　これでは，計算も大変である．実際に，日本も含めて 0 のない時代には，そろばんのようなもので計算した後で，結果をギリシャ数字や漢数字で書いていたらしい．

　　「ところで，小学校で習った数は整数だけではないな」

　坂下さんはちょっと，考えた．確かに，その通りだ．分数や小数も習った．坂下さんは分数の計算で苦労したことを思い出した．特に分数の割り算は苦手だった．意味がわからなかったからだ．そこで，ふと気づいた．いままで，足し算，掛け算，引き算は出てきたが，割り算はまだだ．

　　「ということは，割り算をするために導入されたのが，分数
　　　とか小数というわけだね」

賀臼さんは，にやっと笑って

「坂下，お前もまんざらばかでもないな」
といった．坂下さんは，ちょっと得意な気分になった．賀臼さんは，そんな坂下さんを無視して，こういった．
　　「ところで，坂下は数なんて子供でもわかるといったが，それは間違いだ．実は，自然数の世界は神秘に満ちていて，いまでもわからないことがたくさんある」
うそだろうと坂下さんは思った．数は単なる数に過ぎない．1, 2, 3, 4...と小さい順に並んでいるだけではないか．分数や小数ならば，わからないこともないが，自然数にそんな不思議がつまっているとは思えない．
　　「坂下は素数という数のことを聞いたことがあるか．英語では"prime number"という」
素数？　確かそんな名前を聞いたことはある．でも，そんなに大した役割は果たしていなかったような気がする．
　　「素数というのは，物質のもととなっている元素のようなものなんだ」
　　「元素？」
　　「ああ，世の中は数え切れないくらい多数のもので埋め尽くされている．ところが，多種多様な物質も，それを細かに分解していくと，たかだか100個の元素からできていることがわかっている．例えば，水は水素と酸素という2種類の元素からできている．坂下の好きな酒は，炭素と水素と酸素からできている．元素の組み合わせが同じでも，その比が違うと別な物質になってしまうのさ」
坂下さんは驚いた．賀臼さんは，どうやら化学にも詳しいらしい．でも，素数が数の元素などという話は聞いたことがない．
　　「素数の定義は，1とそれ自身以外では割り切れない数のこ

第 2 章　さあ数学を始めよう

とだ．ただし，1 は素数には入れない」
それならば，聞いたことがある．
「それでは，素数を小さいほうから拾い出しみようか」
坂下さんは，順番に素数を書いていった．約数のない数を探していけばよい．
そうすると，小さいほうから

2, 3, 5, 7, 11, 13, 17, 19, 23, 29, 31, 37, 41, 43, 47, 53, 59, 61, 67, 71, 73, 79, 83, 89, 97, 101, 103, 107, 109, 113...

となる．坂下さんは少し疲れた．
「まず，素数は，2 以外はすべて奇数だ」
と賀臼さんはいった．
坂下さんはちょっと考えて，それは当たり前のことだと思った．なぜなら，2 以外のすべての偶数は 2 で割ることができる．
「つまり偶素数は 2 だけとなる」
坂下さんは，2 は何か孤高でかっこいいなと思った．
「そして，すべての数は素数どうしの掛け算で表せる．これが，素数が数の元素と呼ばれる理由だよ」
そんなことは知らなかった．これが，すべての数を素数がつくっているという理由なのだ．
「それでは，24 という数字を素数の掛け算になおしてみてくれ」
と賀臼さんはいった．
坂下さんは，24 を素数で割っていった．

$$24 \div 2 = 12 \qquad 12 \div 2 = 6 \qquad 6 \div 2 = 3$$

とすると，24 は

$$24 = 2 \times 2 \times 2 \times 3$$

となる．結果を賀臼さんに見せると「正解」と言ってくれた．いまの計算は

$$\begin{array}{r} 2\,)\underline{\,24\,} \\ 2\,)\underline{\,12\,} \\ 2\,)\underline{\,6\,} \\ 3 \end{array}$$

のようにたてに並べて書くこともできるらしい．

　「このように，数を素数の積にすることを素因数分解と呼ぶ」

と賀臼さんは教えてくれた．坂下さんは，なぜ素数分解ではなく素因数分解なのだろうと思った．

　「素因数分解は，英語で"prime factorization"という．後で出てくるが，因数分解も"factorization"だ．それで素因数分解と訳したのだろう．英語の"prime factor"にならって，素数を素因数というひともいるが」

賀臼さんは，さらにこう言った．

　「つまり，24という数字は2と3という素数からできていることになる．このように素数の積であらわされる数を合成数と呼んでいる」

なにか，化学でならった元素と化合物の関係に似ているなと坂下さんは思った．これならば，素数が元素と賀臼さんが言った意味がなんとなく理解できる．

　「さらに，すべての自然数は素数の積で表されるが，どれも一通りの素数でできている」

第2章 さあ数学を始めよう

坂下さんはなんとなく納得した.

「これを素因数分解の一意性と呼んでいる」

そんな大げさな表現で呼ぶほどのことだろうかと坂下さんは疑問に思ったが,賀臼さんによると,整数論という学問の大事な基礎なのだという.

「ところで坂下.素数の数はどれくらいあると思う」

坂下さんはちょっと考えた.元素の数が100くらいだから,素数はそれよりも少し多いくらいかもしれない.

「200個くらいかな」

賀臼さんは思わずぷっと吹き出した.

「無限個だよ」

「無限!」

「ああ,数限りなくあるということさ」

坂下さんはむっとした.まず,賀臼さんに笑われたことが面白くない.それに,素数といいながら,その数が無限にあるということもだ.元素は100個しかないから,素(もと)という字が使える.その数が無限ならば,数の素とは言えないのではないか.

「この無限ということが数の世界に神秘性を与えている」

と賀臼さんは宣言した.

∗∗∗【コラム"素数の数が無限にあることの証明"】∗∗∗∗∗∗∗∗∗∗∗

素数の数が無限ではなく,有限個しかないと仮定する.このとき,最も大きい素数を p_M とする.ここで,p_M までの素数をすべてかけて

$$2 \times 3 \times 5 \times 7 \times 11 \times 13 \times ... \times p_M$$

という数字をつくる．つぎに，この数字に1を足してみよう．

$$2 \times 3 \times 5 \times 7 \times 11 \times 13 \times ... \times p_M + 1$$

すると，この新たな数字は，p_M までのどの素数で割っても1余るので，素数を約数に持たないことになる．とすると，この数字，それ自身が素数か，あるいは，別の約数を持つとしても，それは p_M よりも大きい素数でなければならない．よって，「素数が有限個しかない」という仮定は間違っていることになる．

****

第2章　さあ数学を始めよう

🌿賀臼さんの数学英語講座🌿

自然数	natural number
整数	integer (whole number)
足し算	addition
引き算	subtraction
掛け算	multiplication
割り算	division
ゼロ	zero
分数	fraction
小数	decimal
偶数	even number
奇数	odd number (uneven number)
無限大	infinity
無限の	infinite
有限の	finite
素数	prime number
合成数	composite number
約数	divisor
倍数	multiple
位取り記数法	positional notation
ギリシャ数字	Greek number
アラビア数字	Arabic number

第3章 無限に悩む

　今日は，賀臼さんによる数学講義の 2 日目だ．坂下さんには，いまだに数は単なる数にしか思えない．しかし，賀臼さんによると，自然数自体に，まだまだなぞが隠されていて「数論」と呼ばれる数の性質を研究する分野があるのだという．
　それから，無限ということも不思議だ．賀臼さんは，それが自然数に神秘性を与えていると言っていたが，坂下さんにとっては，神秘性というよりは，何かいいかげんなものに思える．
　　「自然数の数と偶数とでは，どっちが多いと思う？」
と賀臼さんは聞いてきた．
　坂下さんはあきれた．そんなことは誰でも知っている．
　　「もちろん，自然数の方だよ．偶数は自然数の半分しかない」
賀臼さんは，にっと笑った．
　　「残念，両方とも同数ある」
坂下さんは，賀臼さんは完全に自分をばかにしていると思った．ところが，賀臼さんはまじめな顔で，紙に書いて説明しだした．
　　「自然数は一般的に n と書く．n は英語の"number"から来て
　　　いる．ところで，偶数を n を使って書くと $2n$ となる．」
それぐらいは，坂下さんにも何とかわかる．確か奇数は $2n-1$ だ．
　　「とすると，偶数 $2n$ には必ず自然数 n が対応する．どんな
　　　に数を増やしていっても，1 個の偶数 $2n$ には 1 個の自然数

第3章　無限に悩む

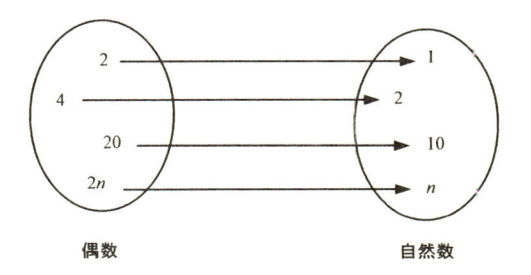

```
偶数        自然数
  2   ──→    1
  4   ──→    2
 20   ──→   10
 2n   ──→    n
```

n が対応する．だから，偶数と自然数は同数ということになる．」

坂下さんには納得いかなかった．そんなばかなことはない．

「これは，数が無限にあるということと関係しているんだ．有限だったら坂下の言うことは正しい．しかし，無限ではそうはならない．その証拠に，$2n \to n$ という組み合わせは必ず1対1に対応する」

坂下さんは，反論したかったが，確かにそうなる．そうは言っても，偶数の数はどう考えても，全部の数の半分だ．

「それじゃ，無限に関係した話をもうひとつ紹介しよう．いま，無限個の部屋からなるホテルがあったとする．ある客が，ホテルに着いたらあいにく満室だった．しかし，この客は部屋を空けることは可能だとフロント係に言った．どうしたと思う」

坂下さんは，また，頭が痛くなりそうになった．いくら無限の数の部屋があるといっても，満室ならばどうしようもない．

すると，賀臼さんはこう説明した．

「その客は，1番の部屋の客には2番の部屋に，2番の部屋の客には3番の部屋に移ってもらうように依頼したんだ．部屋は無限にあるから，順繰りに移動することができる．結局，1番の部屋に，この客は泊まることができたというわけさ」

坂下さんは納得できなかった．どうして満室だったホテルが，こんなことで空室ができるのか．

「数を扱うかぎり，無限という概念から逃れるわけにはいかない．だから，あえて最初に説明した」

坂下さんが面食らっていると，賀臼さんはそれを無視するように

「それじゃ，計算問題に移ろう．四則計算と分数，小数は知っているな」

少し自信がなかったが，坂下さんはうなずいた．

「それでは，1割る3を計算してみてくれ」

坂下さんは，少しばかにされたような気もしたが，素直にしたがった．答えは

$$0.33333333333333....$$

となって，3が無限に続いていく．そしてはっと思った．ここでも無限か．今日はどうやら無限からは逃れられないらしい．

賀臼さんは

「その通り，正解だ」

とほめてくれた．坂下さんはちっとも面白くない．

「じゃ，1割る3を分数にしたらどうだ」

「それは，1/3に決まっているよ」

「そうか，じゃ

第3章 無限に悩む

$$\frac{1}{3} = 0.333333333333....$$

ということは認めるんだな」
「当たり前じゃないか」
「それならば，両辺を3倍してごらん．どうなる」
坂下さんは内心馬鹿にしていると思ったが，だまって計算した．
答えは

$$1 = 0.999999999.....$$

ここで，坂下さんはおやっと思った．この等式は少し変だ．右辺はどう見ても1ではない．でも自分がやった計算に間違いはない．どうしたのだろう．

賀臼さんは

「数学的には，この等式は正しいということになる」

と言った．

坂下さんは思った．これも無限と関係があるのだろうか．賀臼さんは，紙にこんなことを書き出した．

$$0.9999999... = 0.9 + 0.09 + 0.009 + 0.0009 + ...$$

「これは，初項aが0.9で公比rが0.1の無限数列の和になる．」
坂下さんは，どっかで聞いたような気がした．
「この和Sを数学的に求めれば1となる」
と言って

$$S = \frac{a}{1-r} = \frac{0.9}{1-0.1} = 1$$

という式を書いた．

そんな難しいことを急に言われても，坂下さんにはちんぷんかんぷんだ．

「これを理解するには極限という考え方が必要になる」

「極限？」

「ああ．英語で言えば"limit"だ」

「あのタイムリミットなどと言うときのリミット？」

「そう．その通り．まあ，いきなり極限の話をしても坂下には難しいだろうから，具体例で示そう．お前の大好きな焼酎を考えよう．その9割を飲んだとすると，残りは1割だな．小数で考えると，どうなる」

「はじめを1とすると，0.9消費した残りは0.1ということになる」

「そういうことだ．分数ではどうなる」

「残りは1/10」

「これを捨てろと言われれば，もったいないと思うだろう」

「当たり前だろう」

「それなら0.01ではどうだ．1/100だな」

「まだ，少しは香りがするかもしれない．ちょっとお湯をいれて飲んでみたい」

「お前ならそういうだろうと思った」

「ちなみに1/100は1パーセント（1%）のことだ．パーセントは英語で"percent"で"per"は〜あたり，"cent"は1/100という意味だ．例えば，センチメートルは"centimeter"で1メートルの1/100，アメリカの1セントは，1ドルの1/100ということになる」

坂下さんは，賀臼さんは英語も得意なのだろうかとふと思った．

「それなら0.001はどうだ．1/1000だ」

第3章　無限に悩む

「ここまでくると，微妙だな．焼酎が残っているといっていいかわからない」

「じゃ，ゼロとみなしていいか」

「それは，まだだよ」

「ちなみに，1/1000 は 1 パーミルという．記号は‰とかく．パーミルは英語で"permil"（あるいは"permille"）で mil は 1/1000 という意味だ．ミリメートルは"milimeter"で 1 メートルの 1/1000 となる」

坂下さんは恥ずかしながらパーミルという単位を聞いたことがなかった．

「もちろん，世の中は，これよりも，もっと小さな量でも問題になることがある．坂下は ppm という言葉を聴いたことがあるか」

「ピーピーエム？」

坂下さんはなんとなく聞いたことがある．コンビニの名前じゃない．確か，公害問題で環境ホルモンの濃度が何 ppm とアナウンサーが言っていた気がする．ただし，いったい何の単位であるかは，まったくわからなかった．

「これは，英語で"part per million"の略なんだ．"part"は部分，そして"million"は 100 万だから 100 万分の 1 ということになる．0.000001 という単位だ」

そんなに小さいのかと坂下さんは思った．

「ここまでくると，いくら酒好きのお前でも焼酎の味はまったくわからない」

と賀臼さんは言った．

「とは言っても，小ささには限界はない．これより 1000 倍小さい値は ppb と言う．"part per billion"の略だ．"billion"

は10億だから10億分の1ということになる．0.000000001という単位だ．どうだ，ここまでくれば焼酎はないと思ってもいいだろう」

そうは，言ってもゼロではない．坂下さんは思った．

「ここで，数学では，こういう表現を使う」

と賀臼さんは紙に書いた．

$$n \to \infty \text{ のとき} \quad \frac{1}{n} \to 0$$

ここで数字の8を横にしたような∞という記号は無限大という意味だと賀臼さんは教えてくれた．また，→は，その値に近づいていくという意味らしい．

どこまで分母を大きくしたら0として良いかは，坂下さんには見当がつかないが，"ppb"までくると，0でもいいかなと思ってしまう．無限大ということは，これよりもずっとずっと分母は大きいのだから，確かに0としてしまってもいいのかもしれない．

すると賀臼さんは，つぎの式を紙に書いた．

$$0.9 = 1 - \frac{1}{10} \qquad 0.99 = 1 - \frac{1}{100} \qquad 0.999 = 1 - \frac{1}{1000}$$

$$0.9999 = 1 - \frac{1}{10000} \quad \cdots\cdots \quad 0.9999999999 = 1 - \frac{1}{10000000000} \quad \cdots\cdots$$

「いいか坂下，最後のは，小数点以下10桁まで書いたものだ．これで，すでに1から引く数は1/10000000000と小さい．9が無限に続くということは1から引く数はどんどん小さくなっていく．それならば

$$0.9999999999999\ldots = 1$$

第3章 無限に悩む

としてもいいんじゃないか」

そういわれると，それでもいいような気がする．

「少なくとも，このことを認めないと，数学では前に進めないんだ」

と賀臼さんは言った．少し不満もあるが，賀臼さんの言うことも少しわかる．

*** 〚コラム〛 ********************************

その1 "無限等比数列の和の求め方"

初項が a で公比が r の無限等比数列の和を S とおく．

$$S = a + ar + ar^2 + ar^3 + \ldots + ar^{n-1} + \ldots$$

次にこの式の両辺に公比 r をかけると

$$rS = ar + ar^2 + ar^3 + \ldots + ar^{n-1} + ar^n + \ldots$$

となる．上式から下式をひくと

$$\begin{array}{rl} S = & a + ar + ar^2 + ar^3 + \ldots + ar^{n-1} + \ldots \\ -)\quad rS = & \quad\ \ ar + ar^2 + ar^3 + \ldots + ar^{n-1} + \ldots \\ \hline S(1-r) = & a \end{array}$$

よって和は

$$S = \frac{a}{1-r}$$

となる．

その2 "0.9999999999999.... = 1 の証明"

$$A = 0.9999999999999....$$

と置く．すると

$$10A = 9.9999999999999....$$

となって，小数点以下は同じように無限に 9 が続く．したがって

$$10A - A = 9.9999999999999.... - 0.9999999999999....$$

よって
$$9A = 9$$

となり A = 1 となる．

****

第3章　無限に悩む

🌸賀臼さんの数学英語講座🌸

数論	theory of numbers
数式	numerical formula (numerical expression)
四則計算	the four basic operations of arithmetic
初項	the first term
公比	common ratio
無限数列	infinite sequence
和	summation
極限	limit
パーセント	percent
パーミル	permil (permille)
ピーピーエム	ppm: pert per million
ピーピービー	ppb: pert per billion
小数点	decimal point
桁	digit
証明	proof

第 4 章　代数事始

　坂下さんは賀臼さんから聞いた無限ということを考えて、頭が痛くなった．とても坂下さんの手には負えそうもない．もう数学をやめようかと弱気になったが，賀臼さんにできるのだから，自分にもできるはずだと自身に言い聞かせた．

　そういえば，宇宙の大きさも無限と聞いたことがある．有限とすると，では，その先はいったいどうなっているかという問題が必ず生じるからだ．それにしても，考えれば考えるほど無限は不思議だ．

　ただし，賀臼さんは言っていた．
　　「無限そのものは人間の理解を超えるが，数学には，無限を
　　うまく取り扱う方法があるぐらいに考えたほうがいい」
と．それから，賀臼さんは
　　「数学の勉強，やめたいなら，いつやめてもいいよ」
とも言った．それが坂下さんには癪に障る．だから，絶対に続けると言い張った．

　賀臼さんは
　　「今日はつるかめ算から始めるか」
と言って，こんな問題を出した．

第 4 章　代数事始

例題 4-1　つるとかめの総数が 10，足の数の合計が 24 のとき，つるは何羽か．

坂下さんは考えた．この問題はどこかで習った覚えがある．しかし解き方は，忘れてしまった．坂下さんは地道な方法をとった．まず，つるが 1 羽とすると，かめは 9 匹になる．すると，足の数は

$$1 \times 2 + 9 \times 4 = 38$$

となって，これでは数が合わない．つぎにつるが 2 羽とすると，かめは 8 匹になる．すると，足の数は

$$2 \times 2 + 8 \times 4 = 36$$

坂下さんは，つるの数を順々に増やしていった．

$$3 \times 2 + 7 \times 4 = 34 \qquad 4 \times 2 + 6 \times 4 = 32$$
$$5 \times 2 + 5 \times 4 = 30 \qquad 6 \times 2 + 4 \times 4 = 28$$
$$7 \times 2 + 3 \times 4 = 26 \qquad 8 \times 2 + 2 \times 4 = 24$$

そして，ようやく，つるが 8 羽のときに，足の数が 24 となることが分かった．

「やったー！」坂下さんは喜びいさんで，賀臼さんに答えを見せた．賀臼さんは，坂下さんの計算結果をつまらなそうに見て「正解」と言うと，つぎの問題を課した．

例題 4-2　つるとかめの総数が 40，足の数の合計が 108 のとき，つるは何羽か．

坂下さんは困ってしまった．急に数が増えたからだ．これでは，地道な方法では難しそうだ．もちろん，さっきと同じように，つる 1 羽からはじめて数を増やすという方法も使えないことはないが，これでは，時間がいくらあっても足りない．

　坂下さんはいい方法がないか思案した．さっきは，つるが 1 羽，2 羽…としていったが，何かもっと全体像が見える方法はないだろうか．

　しばらく頭を悩ましているうちに，ふと思いついた．全部がつるだったらどうなるか．この場合，足の数は

$$40 \times 2 = 80$$

となる．もちろん，これでは足りない．足の数は合計で 108 だから，まだ 28 本も足りないことになる．このとき，坂下さんはあることに気づいた．かめの足はつるよりも 2 本多い．だから，この足りない分はかめの数と関係があるに違いない．そういえば，先ほどの計算でもつるの数を増やすたびに，全体の足の数は 2 本ずつ減っていった．

　そして，しばらく考えて気づいた．そうか，つるだけでは足りない 28 本をかめに割り当てればいいのだ．つまり

$$28 \div 2 = 14$$

となって，かめの数は 14 匹となる．よし検算してみよう．合計で 40 だから，つるは 40－14=26 で 26 羽だ．すると足の数は合計で

$$26 \times 2 + 14 \times 4 = 108$$

となって確かにあっている．坂下さんはうれしくなった．かなり

第4章 代数事始

苦労したが，正解にたどりつくと大きな満足感がある．しかも，坂下さんが見つけた方法ならば，どんなに数が大きくても正解が出せる．

坂下さんが得意そうに答えをみせると，賀臼さんは「正解」と言ってくれた．今度は，少し感心したようなそぶりをみせた．

> 「数学のいいところは，論理的な思考が養えるということ，そして，きちんと手順を踏めば正解がえられるということなんだ」

坂下さんはうなずいた．その通りだ．そして，日本の国会議員の顔を浮かべた．彼らも数学の勉強をしたら，もっと日本の政治はよくなるのではないだろうか．

達成感にひたっている坂下さんをよそに，賀臼さんは

> 「それでは今日の本題に入るぞ」

と宣言した．坂下さんは驚いた．もう今日の課題は終わったものとばかり思っていたからだ．

> 「坂下は代数を知っているかい」

坂下さんは悩んだ．車の台数？ いや代数だ．どっかで聞いたことはある．

> 「英語で言えば"algebra"，数を文字で置き換える方法のことだよ」

そう言われてもさっぱりわからない．

> 「いいか，今の問題でつるの数を x 羽，かめの数を y 匹と置いてみる．すると，ふたつあわせた数が 40 だから
>
> $$x + y = 40$$
>
> という等式ができる．これはわかるだろう？」

坂下さんは式を見た．x や y が出てくると蕁麻疹が出そうだ．でも，がまんして眺めた．そして思った．何だ，簡単じゃないか．
　　「それでは次に，x と y を使って足の数に対応した式をつくったらどうなる？」
と賀臼さんは聞いた．

　坂下さんは考えた．つるの足の数は，つるの数に足の本数の 2 をかければいいので，$2x$ となる．つぎに，かめのほうは，かめの数に足の本数 4 をかければいいので，$4y$ となる．そうすると

$$2x + 4y = 108$$

となる．坂下さんは紙に式を書いてみせた．「よしいいぞ」と言うと，賀臼さんは，こんな風にふたつの式をまとめた．

$$\begin{cases} x + y = 40 \\ 2x + 4y = 108 \end{cases}$$

　「これを連立方程式と呼んでいる」
と賀臼さんは言った．坂下さんは"方程式"という用語は何か重みがあるなと思った．ところが，賀臼さんに言わせると，英語では"equation"で，等式と同じ単語を使うらしい．ただし，方程式というのは，等式であっても，常に等しいわけではなく，それが等しくなるような x や y を求める式のことを言うようだ．正式には代数方程式と呼び，常に等しい等式は恒等式と呼ぶらしい．

　坂下さんには，連立という用語も何かかっこよく響いた．連立政権と同じ意味かなと思っていると，方程式の連立は英語では"simultaneous"，同時という意味だと賀臼さんが教えてくれた．連立政権の連立は英語では"coalition"となるらしい．

第4章　代数事始

　つまり，ふたつの方程式を同時に満足する x と y を求めるのが連立方程式ということになる．坂下さんは，急に何か，高等な数学をはじめたような気分になった．

　　「後は，この方程式を解けば，解答がえられる」
坂下さんは，昔，方程式で苦労したことを思い出した．どうやれば，よかったんだろう．すると，賀臼さんは，この二つの式から x か y のどちらかを消去すればいいと教えてくれた．

　それには，引き算を使うらしい．しかし，このまま，上の式から下の式を引いただけでは，x も y も消えてくれない．

　すると賀臼さんは

　　「等式は両辺に同じ数をかけても構わない」
とヒントをくれた．

　坂下さんは思い出した．そうか，等式は，左辺と右辺が等しい関係なのだから，同じ数をかけても等しいはずだ．ならば，最初の式の両辺に 4 をかけてみよう．そして引き算をする．

$$\begin{array}{r} 4x + 4y = 160 \\ -)\ 2x + 4y = 108 \\ \hline 2x = 52 \end{array}$$

　すると $x = 26$ となる．そして，最初の式から $y = 14$ となることもわかる．確かに，自分が先ほど求めた方法と，同じ答えがえられる．

　賀臼さんは満足そうにうなずいて

　　「今日の授業はここまで」
と言った．坂下さんは驚いた．もう終わりか．昔の数学の授業のときは，とにかくはやく終わって欲しい，それしかなかった．と

ころが，今日は，何か物足りない．すると賀臼さんは一枚の紙を渡した．

「今日の宿題だよ」

「宿題！」

「ああ，わかったつもりでも，復習しないとすぐに忘れてしまう」

坂下さんは紙を見た．

○本日の宿題

《宿題 4-1》 つるとかめの総数が 200, 足の数の合計が 632 の時，つるは何羽か

《宿題 4-2》 みかん 1 個の値段が 30 円, りんご 1 個の値段が 100 円とする．購入したみかんとりんごの個数の総数が 50 個で，払った金額が 2200 円の時，購入したみかんとりんごの個数を求めよ．

《宿題 4-3》 A という金属の密度が 3g/cm^3, B という金属の密度が 5g/cm^3 である．A と B を混ぜた時の体積が 10cm^3 であり，その重さは 34g であった．この時，金属 A, B それぞれの重さと体積を求めよ．ただし，密度とは体積 1cm^3 あたりの重さ (g) である．

《宿題 4-4》 つぎの連立方程式を解け

$$\begin{cases} 2x - y = 3 \\ 3x + 4y = 10 \end{cases} \qquad \begin{cases} x + y - z = 4 \\ 2x + y + 3z = 11 \\ x + 2y + 2z = 9 \end{cases}$$

第4章　代数事始

📎 坂下さんの宿題の解答

《宿題 4-1》

これは，基本的には今日やった問題と同じだ．つるの数を x 羽，かめの数を y 匹と置いてみよう．すると，総数と足の数の式は，それぞれ

$$\begin{cases} x + y = 200 \\ 2x + 4y = 632 \end{cases}$$

となる．

この2個の式から，足し算や引き算で，x あるいは y のどちらかを消去すればよいのだ．そのために最初の式に4をかけて，引き算してみよう．

$$\begin{array}{r} 4x + 4y = 800 \\ -)\ 2x + 4y = 632 \\ \hline 2x\ = 168 \end{array}$$

よって $x = 84$ となり，$y = 116$ となる．つまりつるが84羽で，かめは116匹ということになる．

坂下さんは検算をしてみた．足の数は

$$84 \times 2 + 116 \times 4 = 168 + 464 = 632$$

となるので，確かに答えはあっている．

《宿題 4-2》

この問題もつるかめ算と同じはずだ．求めるのはみかんとりん

ごの数だから，それを x と y と置いてみよう．連立方程式は

$$\begin{cases} x + y = 50 \\ 30x + 100y = 2200 \end{cases}$$

となる．

最初の式に100をかけて引き算をしてみる．

$$\begin{array}{r} 100x + 100y = 5000 \\ -)\ \ 30x + 100y = 2200 \\ \hline 70x = 2800 \end{array}$$

となるので，$x = 40$ だ．とすると $y = 10$ ということになる．よって，みかんが40個，りんごが10個ということになる．検算してみよう．

$$30 \times 40 + 100 \times 10 = 1200 + 1000 = 2200$$

《宿題4-3》

これは，手ごわそうだ．なにしろ，A, Bそれぞれの重さと体積を求めなければならない．これでは，変数が4個になる．坂下さんは，もう一度，文章を読んでみた．最後のただし書きが気になる．

「密度とは体積1cm³あたりの重さ (g)」

とある．わざわざ，ただし書きをしているのだから，ここにヒントがあるはずだ．少し坂下さんは考えた．Aという金属の密度が3g/cm³ ということは，この金属の体積1cm³あたりの重さが3gということになる．ということは2cm³の重さは6gということになる．つまり，体積が分かれば，重さが計算できるのだ．

第4章 代数事始

それならば，Aの体積を $x\mathrm{cm}^3$，Bの体積を $y\mathrm{cm}^3$ と置いてみよう．すると，混ぜたときの体積は $10\mathrm{cm}^3$ だから

$$x + y = 10$$

となる．つぎに重さだ．金属Aの密度が $3\mathrm{g/cm}^3$ であるから，その重さは $3x$ g となる．金属Bの密度は $5\mathrm{g/cm}^3$ であるから，その重さは $5y$ g となる．とすると

$$3x + 5y = 34$$

となる．これで2つの式ができた．とすると，解くべき連立方程式は

$$\begin{cases} x + y = 10 \\ 3x + 5y = 34 \end{cases}$$

となる．最初の式に5をかけて引き算をしてみよう．

$$\begin{array}{r} 5x + 5y = 50 \\ -)\ 3x + 5y = 34 \\ \hline 2x = 16 \end{array}$$

坂下さんは喜んだ．これで答えが出た．金属Aの体積は $8\mathrm{cm}^3$ ということになる．とすると金属Bの体積は $2\mathrm{cm}^3$ だ．さらに，体積に密度をかければ重さになる．よって金属Aの重さは $8\mathrm{cm}^3 \times 3\mathrm{g/cm}^3 = 24\mathrm{g}$ となり，金属Bの重さは $10\mathrm{g}$ ということになる．

《宿題 4-4》
最初の問題は簡単だと坂下さんは思った．最初の式に4をかけ

て足し算すればいいのだ.

$$
\begin{array}{r}
8x - 4y = 12 \\
+)\ 3x + 4y = 10 \\
\hline
11x\quad\quad = 22
\end{array}
$$

すると，x は 2 だ．よって，$y=1$ となる．坂下さんは，引き算ではなく足し算で変数を消去したのだが，そのことには気づいていない．

「やった，自分はいとも簡単に連立方程式を解いた」
坂下さんは祝杯を挙げようと思ったが，まだ問題が残っているのを思い出した．

$$
\begin{cases}
x + y - z = 4 \\
2x + y + 3z = 11 \\
x + 2y + 2z = 9
\end{cases}
$$

坂下さんは，この問題をみて，急に気力が萎えるのを感じた．何だ，この問題は，変数が x, y, z と 3 個もある．これでは，手に負えない．

坂下さんはじっくりと考えた．そして，賀臼さんがこの問題を出した意図を考えた．いままでは変数 2 個の場合だったが，3 個の場合も同じようにすればよいのではなかろうか．そして思い出した．賀臼さんは変数を減らせと言っていた．いまの問題も 3 個を 2 個に減らせばよいのだ．そして，再び方程式をながめてみた．まず，z を消してみよう．

最初の式に 3 をかけて，2 番目の式に足してみよう．すると

第4章 代数事始

$$3x + 3y - 3z = 12$$
$$+)\ \underline{2x + y + 3z = 11}$$
$$5x + 4y = 23$$

となってxとyだけの式ができる．坂下さんはしめたと思った．ここまで来たら，なんとかなりそうだ．

つぎに，最初の式に2をかけて，最後の式に足してみよう．すると

$$2x + 2y - 2z = 8$$
$$+)\ \underline{x + 2y + 2z = 9}$$
$$3x + 4y = 17$$

のように，もうひとつの式ができる．とすると

$$\begin{cases} 5x + 4y = 23 \\ 3x + 4y = 17 \end{cases}$$

という連立方程式ができる．ここまでくれば，いままでの方法で解ける．

この方程式は，簡単だ．上の式から下の式を引けば，$2x = 6$ となる．つまり，xは3となる．するとyは2だ．

$$x + y + z = 6$$

であるからzは1となる．解は

$$x = 3,\ y = 2,\ z = 1$$

と与えられる．自分はやったのだ．坂下さんは感激した．

❧賀臼さんの数学英語講座❧

代数	algebra
方程式	equation
連立方程式	simultaneous equations
検算	proof
体積	volume
密度	density
重さ	weight
値段	price
総数	total number
総額	total amount

第5章　2次方程式に挑戦

「どうだ坂下，昨日の宿題はできたか？」
寝不足ぎみの坂下さんの顔を見て，賀臼さんはこう聞いてきた．坂下さんは，問題にとりくんでいるうちに寝る時間が午前1時を過ぎてしまった．

「金属の問題の，密度という意味がわからなくて苦労したけど，結局，つるかめ算と同じということに気づいた．そうしたら，簡単に解けたよ」

坂下さんは，解答を書いた用紙を賀臼さんに手渡した．
賀臼さんはうれしそうにこういった．

「すごいな．全部正解だ．坂下もすこしは進歩したな．数学のいいところは，一度解法がわかると，それがいろいろな事に応用できるという点なんだ．これを普遍性と呼んでいる．つるかめ算の手法が使えるのは，つるとかめだけではないんだ．それに気づいただけでも進歩だよ」

「もうひとつ，苦労したのは x と y と z と 3 個の文字がはいった方程式の問題だね」

「そうだろうな．何もヒントを与えなかったからな．ただし，解き方の基本は，2個の場合と同じだったはずだ」

「まさに，そうだった．それに気づくまで時間がかかったけど．まず，どれか1個の文字を消して，2個の連立方程式

にすればいいということに気づいた」

賀臼さんは関心したようにうなずいた．きっと坂下さんは挫折すると思っていたのだろう．

　「ところで，x, y, z のことを，数学では文字とは呼ばず，変数と呼んでいる」

　「変数？」

　「ああ，文字のところには，いろいろな数字が入る．つまり，数の値が変わるから変数ということになる」

代数とか変数とか，連立方程式とか数学の用語には変わった名前が多いなと坂下さんは思った．

　「ちなみに，変数は英語では"variable"となる．"vary"は変化するという動詞で，それに"できる"の"-able"がついた単語だ．バラエティ番組の"variety"も同じ仲間だよ」

賀臼さんは，数学用語は英語（正確にはヨーロッパのドイツ語やフランス語）がもとになっているので，英語を見ると納得できる場合が多いという．

　「ところで，今日は 2 次方程式に挑戦する」

　「2 次方程式？」

坂下さんには，それがいったいどんなものかわからない．

　「その前に代数における累乗の書き方の復習をしておく」

　「累乗？」

また，わけのわからない用語が出てきた．賀臼さんは，次のように書いた．

$$x \times x = x^2$$

　「これは，x と x を掛けるということだ．右辺は"エックスの 2 乗"と読む」

第5章　2次方程式に挑戦

つぎに
$$x \times x \times x = x^3$$
と書いた．これならばわかる．坂下さんは

「これは x を3回かけるということで，『エックスの3乗』と読むんだね」

といった．賀臼さんはその通りと応えた．

「それから，もうひとつ規則がある．

$$x \times y = xy \qquad\qquad x \times y \times z = xyz$$

のように，異なる変数の掛け算では，×という記号は省略することになっている」

坂下さんは×がある方がわかりやすいと思うのだが，変数の数が増えて複雑になると，式が煩雑になるということらしい．それに掛けるという記号の×と変数の x はまぎらわしいということもあるようだ．

「それでは，問題だ」

といって，賀臼さんは坂下さんに紙を渡した．

例題 5-1　周の長さが 20cm の長方形で，面積が 16cm² のものの辺の長さを求めよ．

坂下さんは考えた．つるかめ算のように，この問題で求めるものを変数としよう．ここでは，長方形の辺の長さだ．よし，それではたてと横の辺の長さをそれぞれ，x, y と置いてみよう．

周の長さが 20cm ということだから

$$2x + 2y = 20$$

ということになる．一方，長方形の面積は，たて×横だから

$$xy = 16$$

ということになる．これも連立方程式だ．

$$\begin{cases} 2x + 2y = 20 \\ xy = 16 \end{cases}$$

ところが，このままでは足したり，引いたりすることで x や y を消すことができない．どうしたらよいだろうか．

すると賀臼さんは，最初の式を変形して y と x の関係式をつくってみろと指示した．そのためには，左辺の $2x$ を右辺に移項しろという．移項？　それって何だっけ．坂下さんは移項を忘れてしまっていた．賀臼さんはあきれたように

「等式は左辺と右辺が等しいのだから，同じ値を引いても等式が成り立つだろう．両辺から $2x$ をひいてごらん．」

坂下さんは賀臼さんの指示にしたがった

$$2x + 2y - 2x = 20 - 2x$$

すると

$$2y = 20 - 2x$$

となる．結果を見ると，左辺の $2x$ が右辺に移っている．ただし，符号が正から負に変わっている．坂下さんは思いだした．そうか，等式で項を移項すると，足し算は引き算に変わるんだった．

さらに，両辺を 2 で割ると

第5章 2次方程式に挑戦

$$y = 10 - x$$

よし，これで y と x の関係を示す式ができた．

「つぎには，この等式を二番目の式に代入すればよい」

代入？　これまた新しい言葉だ．坂下さんが迷っていると

「二番目の式の y のところに，この式の右辺をそのまま入れればいいんだよ」

坂下さんはいわれるままに

$$x(10 - x) = 16$$

という式をつくった．ちゃんと×という記号は省略している．しかし，このままでは，この式を満足する x がわからない．とにかく，さらに計算を進めてみよう．

$$10x - x^2 = 16$$

あれっと坂下さんは思った．x の 2 乗が出てきた．しかし，この式もなじみがない．すると，賀臼さんは

「この式が今日の主題の 2 次方程式だよ．変数の 2 乗が出てくる式を 2 次式というんだ．これに対して，変数の 2 乗がでてこない式を 1 次方程式と呼んでいる」

「とすると，昨日やった宿題は 1 次方程式ということか」

と坂下さんは思った．

「それでは,移項して右辺が 0 になるように変形してみよう」

と賀臼さんはいった．移項か．

「さらに，次数の高い方から書くのが通例だよ」

とアドバイスした．坂下さんは苦労したが，何とか

$$-x^2+10x-16=0$$

という式まで，こぎつけた．

　「x^2の符号が負では，あまり見栄えがよくないから，両辺に-1をかけてみよう．」

　見栄えがよくないというのは数学では変だが，素直にしたがうことにした．ここで，坂下さんは思い出した．たしか

$$(-1)\times(-1)=+1$$

であった．それと，0にはどんな数をかけても0にしかならない．よって

$$x^2-10x+16=0$$

となる．

　しかし，坂下さんには，ますます混沌に陥ったとしか思えない．賀臼さんは

　「このままでは，どうしようもないな．どうしたらいいと思う」

と坂下さんに聞いてきた．

　そういわれても，坂下さんには何のアイデアもない．賀臼さんは

　「これから，因数分解を行う」

といった．因数分解！　坂下さんはこれで自分の命運がつきたと思った．こればかりは，まったく理解できなかった代物だ．

　賀臼さんは坂下さんを見てこう聞いた．

　「どうした，坂下．もう降参か」

　「因数分解なんか僕には無理だよ」

第5章　2次方程式に挑戦

坂下さんは弱気になった.

> 「だいたい素人は，因数分解という用語に惑わされる．原理がわかれば，そんな難しいものではない」

本当だろうか. 坂下さんは半信半疑であった. しかし, ここは賀臼さんを信じるしかない.

> 「ただし, 坂下も疲れ気味のようだから, 因数分解は明日にしよう」

そういって宿題を渡した. 坂下さんは, 少しほっとした.

○本日の宿題

《宿題 5-1》 二つの数字があって, その差が3で, その積の値が130となるとき, これらの値を求める2次方程式を導出せよ.

《宿題 5-2》 コンサートのチケットを60枚準備した. 前売り券は当日券よりも200円安く販売したところ, チケット60枚すべて完売した. 前売り券の売り上げ総額が16000円, 当日券の売り上げ総額が40000円のとき, 販売した前売り券と当日券の数を導出する方程式を導出せよ.

✐坂下さんの宿題の答え

《宿題 5-1 》

坂下さんは考えた. この問題で求めるのはふたつの数字だ. これを x と y と置いてみよう. この差が3で, 積が130であるから, 連立方程式は

$$\begin{cases} y - x = 3 \\ xy = 130 \end{cases}$$

となる．最初の式から $y = x + 3$ となるので，第二の式に代入すると

$$x(x+3) = 130$$

となる．左辺を展開すると

$$x^2 + 3x = 130$$

よって，求める2次方程式は

$$x^2 + 3x - 130 = 0$$

となる．

《宿題 5-2》

　この問題も少し複雑だ．それでも順序だてて考えてみよう．まず最初に変数を決める．販売した前売り券と当日券の数を求めたいのだから，これらをそれぞれ x 枚と y 枚としてみよう．チケットの総数は60枚だから

$$x + y = 60$$

となる．

　ここで，坂下さんは困ってしまった．肝心のチケットの値段がどこにも書いていないのだ．ヒントは，前売り券が当日券よりも200円安いということである．それならば，いっそのこと，これも変数にしてしまおう．前売り券の値段を z という変数にすると，当日券の値段は $z + 200$ となる．

第5章　2次方程式に挑戦

つぎに前売り券の売り上げ総額が 16000 円，当日券の売り上げ総額が 40000 円であるから

$$xz = 16000 \qquad y(z+200) = 40000$$

というふたつの式ができる．

坂下さんはふたたび困ってしまった．賀臼さんがいればヒントをくれるのだが，ここは自分しかいない．ここで，前に変数が 3 個の連立方程式を解いたことを思い出した．変数を減らせばよいのだ．最初の式から $x+y=60$ であるから，$x=60-y$ となる．これを代入すると

$$(60-y)z = 16000$$

となるから，連立方程式は

$$\begin{cases} (60-y)z = 16000 \\ y(z+200) = 40000 \end{cases}$$

となる．このふたつの方程式からどちらかの変数を消せばよいことになる．坂下さんはかなり悩んだが，強行突破することにした．最初の式から

$$z = \frac{16000}{60-y}$$

となる．少し不恰好だが，これを 2 番目の式に代入してみよう．すると

$$y\left(\frac{16000}{60-y}+200\right)=40000$$

となって y だけの方程式ができた．坂下さんは不安になった．これから 2 次方程式ができるのだろうか．とにかく分母に y があるとまずいので，$60-y$ を両辺にかけてみよう．

$$y\{16000+200(60-y)\}=40000(60-y)$$

となる．後は，展開するだけだ．坂下さんはようやく道が見えてきたような気がした．

$$16000y+200y(60-y)=2400000-40000y$$
$$16000y+12000y-200y^2=2400000-40000y$$

となる．さらに移項して，次数の大きい順に並べると

$$-200y^2+28000y+40000y-2400000=0$$

となり，整理すると

$$-200y^2+68000y-2400000=0$$

これで 2 次方程式ができた．

さらに，係数を簡単にしてみよう．両辺を -200 で割れそうだ．すると

$$y^2-340y+12000=0$$

という 2 次方程式ができる．やった，ついにできた．

第5章　2次方程式に挑戦

*** 〚コラム"$(-1)\times(-1)=+1$になる理由"〛 **************

　これを理屈で説明しろといわれても難しい．よく使われる手は，数学の計算をするうえで，こうでないと矛盾が生じるということである．
　つぎの等式を考えよう．

$$1-1=0$$

この等式を書き換えると

$$1+(-1)=0$$

となる．
　ここで，両辺に-1をかける．すると

$$(-1)\times 1+(-1)\times(-1)=0$$

つまり

$$-1+(-1)\times(-1)=0$$

となる．この等式が成立するためには

$$(-1)\times(-1)=+1$$

でなければならない．あるいは上の等式で-1を右辺に移項すると，この式がえられる．

****

🌿賀臼さんの数学英語講座🌿

変数	variable
定数	constant
累乗（べき）	power
1次方程式	linear equation
2次方程式	quadratic equation
2乗	square （squareは正方形という意味もある）
3乗	cube （cubeは立方体という意味もある）
a^2	a squared
a^3	a cubed
a^4	a to the fourth power
因数分解	factorization
長方形	rectangle
面積	area
辺	side
周	periphery
周長	perimeter
係数	coefficient
積	multiplication
右辺	the right side of the equation
左辺	the left side of the equation
移項	transposition
原理	principle
たて	column
横	row

第6章 因数分解に挑戦

　坂下さんは宿題で，いろいろな式をつくらされて頭が混乱ぎみだった．どうも代数というのは性に合わない．賀臼さんは慣れれば問題ないといっているが，本当にそうだろうか．
　解答を賀臼さんに見せると，二問目は，かなり苦労したようだなといった．
　　「そうだよ．未知の変数がたくさんあるから，いったいどうしていいのかわからなくなった」
　　「それでも，最後は正解をひねりだしている．偉いぞ．いったん2次方程式のかたちにできれば，後は，それを解法すればいいだけなんだ．それでは，今日は，その解法のひとつである因数分解に挑戦する」
　因数分解と聞いて，坂下さんはぶるっと震えた．
　　「そんなに緊張しなくていい．慣れれば，そんなに難しい手法ではない」
　そういうと，賀臼さんはつぎの式を書いた．

$$(x-2)(x-4) = 0$$

　　「この方程式を満足する x は何だと思う．」
　坂下さんは少し考えた．これは，別のかたちに変えると

$$ab = 0$$

となる．この等式が成り立つのは $a=0$ または $b=0$ のとき、だ．

同じように考えると，この等式が成り立つのは

$$x-2=0 \quad \text{あるいは} \quad x-4=0$$

のとき、ということになる．とすると

$$x=2 \text{ あるいは } x=4$$

となる．

坂下さんは不安になった．これでは，答えがふたつもある．ところが，賀臼さんは，それでいいといった．一般には2次方程式には答えがふたつあるというのだ．

「それでは，いまの式の左辺を計算してみよう．」
といった．この操作を展開というらしい．坂下さんは順序だてて計算した．

$$(x-2)(x-4) = x(x-4) - 2(x-4) = x^2 - 4x - 2x + 8 = x^2 - 6x + 8$$

と変形できる．とすると，先ほどの方程式は

$$x^2 - 6x + 8 = 0$$

と書くこともできる．

「2次方程式の解法とは，この操作をすることなんだ」
と賀臼さんはいった．つまり

$$x^2 - 6x + 8 = (x-2)(x-4)$$

第6章　因数分解に挑戦

と変形することを因数分解というらしい．こう変形できれば，解は簡単にえられる．問題はどうやって因数分解するかにある．坂下さんは思い出した．つるかめ算のように，数学の手法には普遍性がある．因数分解でも，この普遍性を見つければよいのだ．

賀臼さんは，a や b を適当な数として

$$(x-a)(x-b)$$

という式の変形をすると，どうなるかと坂下さんに聞いた．坂下さんは，紙に書いてみた．とにかくやるしかない．賀臼さんによると，x は変数だが，a と b は定数と呼ぶらしい．ちなみに，英語で定数は"constant"というようだ．

同じ文字なのに，こんな差をつけるのはどうかと坂下さんは思った．賀臼さんは a や b は，先ほどの 2 や 4 のように，あらかじめ決まっている数のことだから定数というんだと説明した．坂下さんは，完全には納得できなかったが，そのまま計算を進めることにした．

$$(x-a)(x-b) = x(x-b) - a(x-b) = x^2 - bx - ax + ab$$

となる．賀臼さんは定数を変数の前に持ってくるのが数学の慣例だと教えてくれた．それと，定数はアルファベッド順がいいとも．すると

$$x^2 - bx - ax + ab = x^2 - (a+b)x + ab$$

となる．ここで，坂下さんも納得した．そうか

$$x^2 - (a+b)x + ab = (x-a)(x-b)$$

となる．ついでにと，賀臼さんは

$$x^2 + (a+b)x + ab = (x+a)(x+b)$$

という式も教えてくれた．坂下さんは右辺を展開して，この関係が成立することを確かめた．

坂下さんは「これが因数分解か．そんなに難しくないな」と思った．こういう普遍性を示した式を公式と呼ぶらしい．公式は英語では"formula"というらしい．

昔は，公式集というのがあって，これでもかというほど，数式が並んでいた．あれを全部覚えろといわれて，あきらめたことがある．しかし，いま求めた式ならば，坂下さんでも手に負える．

そして，前の日に，長方形のたてと横の辺の長さを求めた2次方程式を見てみた．

$$x^2 - 10x + 16 = 0$$

この左辺を因数分解するには

$$a+b=10 \qquad ab=16$$

を満足する定数 a と b を探せばよいことになる．

$$ab = 16$$

とすると，満足する整数は

$$a=1,\ b=16 \qquad a=2,\ b=8 \qquad a=4,\ b=4$$
$$a=8,\ a=2 \qquad a=16,\ b=1$$

である．このうち $a+b=10$ を満足するのは

第6章 因数分解に挑戦

$$a = 2,\ b = 8 \quad と \quad a = 8,\ b = 2$$

となる．a と b は，どちらでもかまわないので組み合わせは 1 通りとなる．よって因数分解は

$$x^2 - 10x + 16 = (x - 2)(x - 8)$$

となり，2 次方程式は

$$(x - 2)(x - 8) = 0$$

と変形できる．このかたちにできれば，あとは簡単で，解は

$$x = 2 \quad または \quad x = 8$$

となる．よって，求める長方形はたてが 2cm, 横が 8cm あるいは，たてが 8cm, 横が 2cm となる．

 しかし，答えが出ても坂下さんには不満だった．因数分解をするとは

$$\begin{cases} a + b = 10 \\ ab = 16 \end{cases}$$

という連立方程式を解くことに他ならない．これでは，2 次方程式をわざわざつくる意味も因数分解する意味もないではないか．2 次方程式などつくらずに，最初から，いまの方法で a と b を求めればいいだけの話だ．

 賀臼さんは
　「不満そうだな」
と笑っている．
　「だって，これではせっかく苦労して 2 次方程式にした意味

がないじゃないか」
「それでは聞くが,数学というのは今の問題を解くためだけにあるのか?」
「いや,そうじゃないけど」
「さっきもいったろう.数学は汎用性が高いんだ.基本さえ押さえておけば,いろいろな問題に応用できる」

坂下さんは黙っている.

「それに,因数分解に対するコンプレックスはなくなったんじゃないのか」

確かにそういわれればそうだ.少なくとも,因数分解が複雑怪奇なものではないことがわかった.

「因数分解は,いまやったように逆のプロセスを踏めばよくわかる.多くのひとは,公式として覚えていなければどうしようもないと思っているようだが,そんなものは数学ではないんだ.」
「逆のプロセス?」
「そうだよ.

$$x^2 - (a+b)x + ab \to (x-a)(x-b)$$

は難しいけど

$$(x-a)(x-b) \to x^2 - (a+b)x + ab$$

という変形は坂下でもできただろう.数学には,似たような場合がたくさんある.それではつぎの問題を出そう.」

賀臼さんは,式をさらさらっと紙に書いた.

第 6 章　因数分解に挑戦

例題 6-1　つぎの 2 次式を因数分解せよ．

$$x^2 - 4$$

坂下さんは思った．やけにたよりのない式だなと．ああ，そうか．x の 1 次の式がないんだ．これでは，さっき使った方法は使えない．でも，どうすればよいのだろうか．

このとき，賀臼さんのいった数学の汎用性という言葉を思い出した．もしかしたら，この問題にも使えるかもしれない．とにかくやってみよう．

$$x^2 - (a+b)x + ab = (x-a)(x-b)$$

であったから

$$a + b = 0 \qquad ab = -4$$

となる組み合わせを探せばよいことになる．

しばらく考えて答えが出た．これを満足するのは

$$a = 2, \ b = -2$$

がある．とすると答えは

$$x^2 - 4 = (x+2)(x-2)$$

となる．

坂下さんは自分でも驚いた．うまく答えが出てしまったからだ．右辺を計算すると確かに左辺になることも確かめた．

「これを検算というんだったな.」

坂下さんは得意そうに解答を賀臼さんに見せた.

賀臼さんは

「実は,この式には公式がある.

$$x^2 - a^2 = (x+a)(x-a)$$

というものだ.とはいっても,さっき坂下が解いた方法でも答えは出せる.それに,右辺を計算すれば左辺になる.だから,この公式を記憶しなければ何もできないということはない」

でも,坂下さんは,この式は面白いなと思った.それに,簡単なので,自分でもすぐに覚えられそうだ.

賀臼さんは,ちょっとした娯楽をやろうといって,つぎの問題を出した.

例題 6-2 つぎの計算をせよ.

① 102×98 ② 41×39 ③ 53×47

坂下さんは,こんな計算問題と,いまの公式と,どんな関係があるのだろうかと思った.しかし,賀臼さんが出題するからには,なにかわけがあるはずだ.坂下さんは,だまって計算した.「何が娯楽なんだろう?」

結構時間はかかるが,手に負えないことはない.5 分ほどして賀臼さんに答えを見せた.

「正解だ.しかし,俺なら 1 分もかからずに,すべての計算

第6章 因数分解に挑戦

ができる.さっきの公式を使えば,簡単にできるんだ.」
そういうと,紙にこう書いた.

① $102 \times 98 = (100+2)(100-2) = 100^2 - 2^2 = 10000 - 4 = 9996$
② $41 \times 39 = (40+1)(40-1) = 40^2 - 1^2 = 1600 - 1 = 1599$
③ $53 \times 47 = (50+3)(50-3) = 50^2 - 3^2 = 2500 - 9 = 2491$

坂下さんはなるほどと感心した.こんな使い方もあるんだ.いままで,計算はただまじめにやればよいと考えていたが,ちょっとした工夫で簡単になる.賀臼さんは,これ以外にも計算をうまくやる方法はたくさんあると教えてくれた.
　「今日はここまでにしよう.また,宿題を出しておくから頑
　　張ってくれ」
と賀臼さんはしめくくった.
　坂下さんには,まだ2次方程式の意味がわからなかったが,賀臼さんは
　「今日は,まだまだ玄関の門をくぐった程度だから,これか
　　ら期待して欲しい」
といっていた.坂下さんは宿題を開いた.

○本日の宿題

《宿題 6-1》 つぎの2次式を因数分解せよ.

① $x^2 - 4x + 3$　　② $x^2 - 4x - 1596$　　③ $x^2 + 200x + 9999$
④ $x^2 - 25$　　⑤ $4x^2 - 1$

《宿題 6-2》 つぎの数に約数があるかどうか判定せよ．

① 3599 ② 4891 ③ 89999

坂下さんの宿題の解答

《宿題 6-1》

坂下さんは問題をながめてみた．少し数が多いがなんとかなるだろう．まず①問目．これは簡単だ．足して -4, かけて 3 になる 2 個の数字をみつければよい．すると

$$x^2 - 4x + 3 = (x-1)(x-3)$$

となる．

つぎに第②問．足して -4, かけて -1596 になる数字をさがす．これはふたつの数字は正と負で，負の数の大きさが 4 だけ大きいということになる．しかし，これはやっかいそうだ．かけて 1596 になる数字をさがそう．1596 を 2 で割れば 798 だ．これを 2 で割ると，399 となる．つぎに 3 で割ると 133 となる．ここで終わりかと思ったが，このままでは差が 4 になる数字の組み合わせができない．ここで，いろいろ数字をいじっているうちに，133 が 7 で割れることに気づいた．そして $133 = 7 \times 19$ となる．すると

$$1596 = 2 \times 2 \times 3 \times 7 \times 19$$

と素因数分解できることになる．

後は山勘に頼ろう．ふたつの数字は 4 しか差がない．とすると，まず $19 \times 2 = 38$ という数字をつくる．残りを計算すると $2 \times 3 \times$

第6章　因数分解に挑戦

7=42 となって，みごとに差が 4 の数字が 2 個できた．すると求めるのは−42 と 38 ということになる．坂下さんはうれしくなった．スマートな解答とはいえないが，答えが出せたのだ．

$$x^2 - 4x - 1596 = (x-42)(x+38)$$

となる．

　このままの勢いで全問を制覇しよう．③問目は，足して 200，かけて 9999 になる数字の組み合わせを探せばよいことになる．9999 は明らかに 9 の倍数だ．すると

$$9999 = 9 \times 1111$$

となる．残りは 1111 だが，これはやっかいそうだ．少し考えて，坂下さんは気づいた．これは明らかに 11 の倍数になる．すると

$$1111 = 11 \times 101$$

と分解できる．

　ここまで来て思いついた．11×9=99 だから，99 と 101 の組み合わせならば，足して 200 になる．すると解答は

$$x^2 + 200x + 9999 = (x+99)(x+101)$$

となる．

　ちゃんと素因数分解してから数字の組み合わせを考えたほうがよいのだろうが，答えが出たのだから，ここはよしとしよう．

　つぎは④問目だ．坂下さんはびっくりした．あまりにも簡単すぎる．

$$x^2 - 25 = x^2 - 5^2 = (x+5)(x-5)$$

賀臼さんは自分をみくびっている．ただし，⑤問目は少しやっかいそうだ．けれど，少し考えて気づいた．簡単じゃないか．

$$4x^2 - 1 = (2x)^2 - 1^2 = (2x+1)(2x-1)$$

となる．坂下さんは自信がついた．

《宿題6-2》

この宿題をみて，坂下さんは少し面食らった．いったい，この問題が因数分解とどんな関係があるのだろう．まったく，見当がつかない．賀臼さんはバカにしているのだろうか．

まあいいか．地道にやってみよう．まず，どの数字も奇数だ．だから2では割れない．その後，①問と②問を3, 7, 11, 13, 17, 19まで挑戦して，ばかばかしくなった．どの数も割り切れない．約数なんかないじゃないか．③問はとても無理そうだ．

ここで，問題文に気づいた．そこには，「約数があるかどうか判定せよ」とある．そうか，ここは「約数がない」と答えればいいんだ．少し不安な気もするが，坂下さんにはどうしようもない．

そして，ふと思った．約数がないならば，これらは素数ということになる．せっかく習ったんだから，それを書いてやろう．きっと，賀臼さんは感心するに違いない．

【コラム"割り算による因数分解"】*************

文字式の割り算を使うと，因数分解ができる．やり方は，普通の

第6章 因数分解に挑戦

分数計算と同じである．一例として $(x^2-6x+8)\div(x-2)$ の計算を示すと

$$
\begin{array}{r}
x \\
x-2 \overline{\smash{\big)}\, x^2-6x+8} \\
\underline{x^2-2x} \\
-4x+8
\end{array}
\qquad
\begin{array}{r}
x\;-4 \\
x-2 \overline{\smash{\big)}\, x^2-6x+8} \\
\underline{x^2-2x} \\
-4x+8 \\
\underline{-4x+8} \\
0
\end{array}
$$

となる．

****

🐾 賀臼さんの英語講座 🐾

因数分解	factorization
約数	divisor
定数	constant
差	difference
公式	formula
1次方程式	linear equation
2次方程式	quadratic equation

第7章　因数分解にしたしむ

　昨日の宿題 6-1 の因数分解はすべて解けた．もちろん，2 個の数字の組み合わせを探すのは大変だが，地道にやれば答えは導き出せる．いままで数学で苦労した経験しかない坂下さんには，昨日のように問題が解けるとかえって不安になる．
　賀臼さんは
　　「因数分解は全問正解だったが，2 問目は全滅だったな」
と冷たくをいい放った．
　宿題 6-2 に対する坂下さんの答えは，「すべて約数がない」だ．偶数だったら，2 が約数とわかるが，宿題に出た数字は見当がつかないくらい大きくて変な数字だ．坂下さんは，「約数がない」という答えだけでは何か物足りないと思って，「約数がないから素数」とも書いておいた．問題の解けなかった学生が，先生から何とか点をもらおうというのと似ている．
　　「宿題 6-1 の最後の 2 問はどうやって解いた？」
　　「ああ，あれは $x^2 - a^2$ の公式を使ったんだよ．あまりにも簡単すぎて拍子抜けさ」
　　「そこが坂下のあさはかさだな」
　　「ええ！」
　　「なんで，わざわざ簡単な問題を出したと思う？」
坂下さんには賀臼さんのいっていることがわからない．

第7章　因数分解にしたしむ

「宿題 6-2 を解く伏線だったのさ」

「伏線？」

「ああ，ヒントをやろう．3599 の約数を探すのに，$x^2 - a^2$ の公式を使うんだよ」

坂下さんには賀臼さんの意図が見えない．

「いいか 3599 は 3600 に近いよな」

「そうだね」

「ところで

$$3600 = 60^2$$

ということはわかるな」

坂下さんは，あわてて筆算してみた．ここで，すぐに答えが出てこないところが，まだ数学に慣れていない証拠である．確かに，その通りだ．賀臼さんには

「こんな計算ぐらいは，わざわざ計算しなくてもわかるようにならなければだめだぞ」

といわれてしまった．

「つぎに

$$3599 = 3600 - 1 = 60^2 - 1^2$$

と変形できるのはどうだ」

ここで，坂下さんはようやく気づいた．ここまでくれば，自分にもわかる．つまり

$$60^2 - 1^2 = (60+1)(60-1) = 61 \times 59$$

となるので，3599 の約数は 61 と 59 だ．しかも，もう約数がないので，これらの数字は素数だ．つまり 3599 は素数 59 と 61 から

できている合成数ということになる．こんな大きな約数は，すぐには思いつかないが，いまの公式を知っていると解法の手がかりがえられる．

坂下さんは感心した．そして，残りの問題にも取り組んだ．考え方はきっと同じだ．4891 は 4900 に近い．

$$7 \times 7 = 49$$

だから

$$4900 = 70^2$$

となる．

さらに

$$4891 = 4900 - 9$$

だから

$$4891 = 4900 - 9 = 70^2 - 3^2 = (70+3)(70-3) = 73 \times 67$$

と因数分解できる．73 も 67 も素数だから，これで終わりだ．つまり，4891 は素数 73 と 67 からなる合成数ということになる．

つぎは，89999 だ．これも，一見するとおどろおどろしい数字だが，坂下さんには，もう怖くはない．これは 90000 に近い数字だ．後は簡単だ．

$$89999 = 90000 - 1 = 300^2 - 1^2 = (300+1)(300-1) = 301 \times 299$$

となる．

そして驚いた．一見，約数がないように見えた数字だったが，なんと全部が約数を持っていた．坂下さんは，うれしそうに答えを賀臼さんに見せた．

第7章　因数分解にしたしむ

「数学は意外と広がりがあるんだ．わかったかい」
坂下さんは魔法をみたような気がした．そして，ちょっぴり数学が好きになった．

「ただし，最後の問題は，このままでは素数ではないぞ」
こういって，賀臼さんは

$$301 = 43 \times 7 \qquad 299 = 13 \times 23$$

という式を見せた．なるほどと坂下さんは思った．そして，89999が，7, 13, 23, 43という素数からできた合成数ということを認識した．そして，反省した．この数は7や13で割り切れるではないか．自分は，最初の2問であきらめて，勝手に約数がないと判断してしまったが，地道に計算すれば3問めは解けたのだ．

そして，しみじみ思った．確かに自然数の世界は奥行きが深い．

「数なんか子供でもわかる」
とばかにした自分が恥ずかしくなった．

賀臼さんは

「せっかくだから，もう少し因数分解を取り扱ってみよう」
といった．まず，復習といって

$$x^2 + (a+b)x + ab = (x+a)(x+b)$$

という式を書いた．

坂下さんは，自分にいい聞かせた．左辺から右辺を導こうとすると大変だが，右辺を展開して，左辺になるのを確かめるのは簡単だ．賀臼さんが教えてくれた逆のプロセス，これを忘れないようにしよう．

賀臼さんは

「この式で $a=b$ としたらどうなる?」

と聞いた.

坂下さんは b を a で置き換えてみた. すると

$$x^2 + (a+a)x + aa = (x+a)(x+a)$$

となる. これをまとめると

$$x^2 + 2ax + a^2 = (x+a)^2$$

となって, すっきりする.

賀臼さんは, この式も因数分解では有名な公式だといった. 昔は, 公式の数が増えるたびにため息が出たが, いまの坂下さんには平気だった. 無理して覚える必要がないからだ. この公式ならば, 基本の式から導出できる.

賀臼さんは, もうひとつの公式を書いた.

$$x^2 - 2ax + a^2 = (x-a)^2$$

この式も坂下さんには苦にならない.

すると, 賀臼さんはつぎのような問題を出した.

例題 7-1 $(x^2+a)^2$ を展開せよ.

坂下さんは, まず地道な方法で計算することにした.

$$(x^2+a)^2 = (x^2+a)(x^2+a) = x^2(x^2+a) + a(x^2+a)$$

第7章 因数分解にしたしむ

$$= x^4 + ax^2 + ax^2 + a^2 = x^4 + 2ax^2 + a^2$$

よし解けた．坂下さんは賀臼さんに解答を見せた．
　「これでもいいが，
$$x^2 + 2ax + a^2 = (x+a)^2$$

　という等式で，xのところにx^2を代入しても同じ結果がえられる」

坂下さんには，どちらでもいいような気がする．すると賀臼さんは応用問題といってつぎの問題を出した．

例題 7-2　$x^4 + 4$　を因数分解せよ．

　「なんだろう？このへんな式は」
と坂下さんは思った．賀臼さんは冗談をいっているのだろうか．どこをどう変形しても，この式は因数分解なんかできない．すると賀臼さんは，先ほどの式

$$x^4 + 2ax^2 + a^2 = (x^2 + a)^2$$

で$a = 2$と置いてみろと指示した．
　坂下さんは素直に従った．

$$x^4 + 4x^2 + 4 = (x^2 + 2)^2$$

となる．坂下さんは，じっくりと，この式を眺めてみた．しばらくして，あることに気づいた．左辺には$x^4 + 4$がある．
　それならば，これ以外の項を右辺に移項してやれ．すると

$$x^4 + 4 = (x^2 + 2)^2 - 4x^2$$

となる．

　坂下さんは思わず声を挙げた．右辺は $a^2 - b^2$ のかたちになっているではないか．これならば因数分解できる．

$$(x^2 + 2)^2 - 4x^2 = \{(x^2 + 2) + 2x\}\{(x^2 + 2) - 2x\}$$
$$= (x^2 + 2x + 2)(x^2 - 2x + 2)$$

結局
$$x^4 + 4 = (x^2 + 2x + 2)(x^2 - 2x + 2)$$

となる．しかし，坂下さんは思った．この式は本当に不思議だ．どうして，左辺の式が，このように分解できるのであろうか．坂下さんは，しばらくあっけにとられていた．

　　「それでは，最後に因数分解のより一般的なかたちに取り組もう」

賀臼さんはそういって，つぎの式を展開するように，坂下さんに命じた．

$$(ax + b)(cx + d)$$

これには，何のトリックもなさそうだ．坂下さんは，地道に計算を進めることにした．

$$(ax + b)(cx + d) = ax(cx + d) + b(cx + d) = acx^2 + adx + bcx + bd$$

となる．整理すれば

第7章 因数分解にしたしむ

$$(ax+b)(cx+d) = acx^2 + (ad+bc)x + bd$$

となる．これも公式なのだろうか．それにしても a, b, c, d と 4 つもわからない数字が出てくる．面倒でしょうがない．

「それじゃ，例題を出そう」
そういうと賀臼さんはつぎの問題を出した．

例題 7-3　$3x^2 + 10x + 8$ を因数分解せよ．

おそらく，いまの公式を使えばいいのだろうが，そんなにうまく答えが出せるだろうか．求めたいのは

$$ac = 3,\ ad + bc = 10,\ bd = 8$$

を満足する数字の組み合わせとなる．すべて整数だから

$$a と c は 1 か 3$$

ということになる．
　一方

$$b と d は 2 か 4 あるいは 1 か 8$$

の組み合わせとなる．
　そのうえで

$$ad + bc = 10$$

を満足するものを探せばよいことになる．かなり大変かと思ったが，整数の組み合わせならば，そんなに作業は大変ではなさそうだ．坂下さんは，いくつか試してみて，結局

$$a = 1,\ b = 2,\ c = 3,\ d = 4$$

となることを見つけた.

　つまり
$$3x^2 + 10x + 8 = (x + 2)(3x + 4)$$

と因数分解できる.

　賀臼さんは, 出題する側にとって問題をつくるのはいたって簡単だが, 解くほうは結構大変になるという.

　坂下さんは, 例の逆のプロセスだと思った. なにしろ, 問題をつくる方は, 適当な a, b, c, d の数を選んで

$$acx^2 + (ad + bc)x + bd$$

という式をつくればいいだけだからだ.

　賀臼さんは, さらさらっと計算して, つぎの宿題を坂下さんに出した.

○本日の宿題

《宿題 7-1》　つぎの式を因数分解せよ.

① 　$2x^2 + 13x + 15$　　　　② 　$6x^2 - 29x + 35$
③ 　$77x^2 + 124x + 39$

《宿題 7-2》　つぎの方程式を解け.

① 　$14x^2 - 41x + 15 = 0$　　② 　$35x^2 - 188x + 209 = 0$

第7章 因数分解にしたしむ

✏️ 坂下さんの宿題の解答

《宿題 7-1》

これら問題のパターンは全部同じだ．

$$acx^2 + (ad+bc)x + bd = (ax+b)(cx+d)$$

という公式を利用すればよい

まず①問目で求めたいのは

$$ac = 2,\ ad+bc = 13,\ bd = 15$$

を満足する数字の組み合わせとなる．すべて整数だから a と c は 1 か 2 ということになる．一方，b と d は 3 か 5 あるいは 1 か 15 の組み合わせとなる．そのうえで

$$ad + bc = 13$$

を満足するものを探せばよいことになる．

とすると

$$a = 1,\ b = 5,\ c = 2,\ d = 3$$

となる．したがって

$$2x^2 + 13x + 15 = (x+5)(2x+3)$$

と因数分解できる．

つぎに②問目で求めたいのは

$$ac = 6,\ ad+bc = -29,\ bd = 35$$

を満足する数字の組み合わせとなる．すべて整数だから a と c は 1 か 6 あるいは 2 か 3 ということになる．一方，b と d は 5 か 7 あるいは 1 か 35 の組み合わせとなる．そのうえで

$$ad + bc = -29$$

を満足するものを探せばよいことになる．とすると，b と d はマイナスとなる．

　いろいろ試してみて，結局，坂下さんは

$$a = 2,\ b = -5,\ c = 3,\ d = -7$$

という組み合わせを見つけた．したがって

$$6x^2 - 29x + 35 = (2x - 5)(3x - 7)$$

と因数分解できる．

　③問目は求めたいのは

$$ac = 77,\ ad + bc = 124,\ bd = 39$$

を満足する数字の組み合わせとなる．すべて整数だから a と c は 7 か 11 あるいは 1 か 77 ということになる．一方，b と d は 3 か 13 あるいは 1 か 39 の組み合わせとなる．そのうえで

$$ad + bc = 124$$

を満足するものを探せばよいことになる．いろいろ試してみて，結局，坂下さんは

第7章 因数分解にしたしむ

$$a = 7,\ b = 3,\ c = 11,\ d = 13$$

という組み合わせを見つけた．したがって

$$77x^2 + 124x + 39 = (7x+3)(11x+13)$$

と因数分解できる．

《宿題 7-2》

これら問題は，左辺さえ因数分解できれば，すぐに解がえられる．したがって，まず因数分解を考える．

①問目で求めたいのは

$$ac = 14,\ ad + bc = -41,\ bd = 15$$

を満足する数字の組み合わせとなる．すべて整数だから a と c は 2 か 7 あるいは 1 か 14 ということになる．一方，b と d は 3 か 5 あるいは 1 か 15 の組み合わせとなる．そのうえで

$$ad + bc = -41$$

を満足するものを探せばよいことになる．したがって b と d は負となる．

いろいろと計算すると，以上を満足する数字の組み合わせは

$$a = 2,\ b = -5,\ c = 7,\ d = -3$$

となる．したがって

$$14x^2 - 41x + 15 = (2x-5)(7x-3)$$

と因数分解できる．したがって2次方程式は

$$14x^2 - 41x + 15 = (2x-5)(7x-3) = 0$$

と変形でき

$$x = \frac{5}{2}, \ x = \frac{3}{7}$$

が解となる．

　②問目で求めたいのは

$$ac = 35, \ ad + bc = -188, \ bd = 209$$

を満足する数字の組み合わせとなる．すべて整数だから a と c は5か7あるいは1か35ということになる．一方，b と d は11か19あるいは1か209の組み合わせとなる．そのうえで

$$ad + bc = -188$$

を満足するものを探せばよいことになる．したがって b と d は負となる．

　いろいろと計算すると，以上を満足する数字の組み合わせは

$$a = 5, \ b = -19, \ c = 7, \ d = -11$$

となる．したがって

$$35x^2 - 188x + 209 = (5x - 19)(7x - 11)$$

と因数分解できる．したがって2次方程式は

第7章　因数分解にしたしむ

$$35x^2 - 188x + 209 = (5x-19)(7x-11) = 0$$

と変形でき

$$x = \frac{19}{5}, \ x = \frac{11}{7}$$

が解となる．

*** 〖**コラム"たすきがけ法"**〗*************************

$$acx^2 + (ad+bc)x + bd = (ax+b)(cx+d)$$

という因数分解をするときに a, b, c, d を探す便利な方法として，たすきがけ法がある．それは数のように数字をならべ

$$\begin{array}{cc} a & c \to bc \\ \diagdown\!\!\!\!\diagup & \\ b & d \to ad \\ \hline & bc+ad \end{array}$$

ac および bd をふたつの数字の積に分解したうえで，たすきがけに掛け算を行って $bc+ad$ を計算する方法である．

****

🍂 賀臼さんの数学英語講座 🍂

例題	example
演習	exercise
問題	problem
宿題	home assignment (homework)
展開	expansion

第8章　無理数に挑戦

　坂下さんは因数分解なんて自分の手には負えないと思っていたが，基礎から勉強すれば，ある程度マスターできるものだということに気づいた．賀臼さんにいわせると，数学はすべてそうだという．本当だろうか．なんだか不安だ．

　賀臼さんは，そんな坂下さんの気持ちを無視するように
　　「今日の主題は無理数だ」
といった．

　坂下さんは因数分解の続きをやるとばかり思っていたので，ちょっと意外な気がした．それに無理数は，自分にはとても無理だ．しゃれじゃない．まじめな話である．そんなことを考えていると，賀臼さんが聞いてきた．
　　「坂下，無理数の定義を知っているか」
　　「定義？」
　確か，小数点以下，数が無限に続いていくのが無理数だったはずだ．ただし，その定義といわれると，はっきりしない．
　　「それでは 0.33333333……はどうだ」
これは，確かに小数点以下，数が無限に続いていくが無理数でなかったような気がする．
　　「これは，無理数ではないと思う」
　　「正解」

「それでは，0.324563245632456....あとは 32456 が無限に続いていく」

「これは，無理数だね」

「不正解．これは循環小数と呼ばれるもので無理数ではない」

坂下さんは迷った．それならば，無理数の定義とはいったい何なんだろう．

すると賀臼さんはこういった．

「無理数とは整数の比では表せない数のことなんだ」

「つまり，分数ではないということ？」

「その通り」

坂下さんは，そんなことを習った覚えはない．

「実は無理数という日本語が間違っているんだ」

「えっ？　だって専門用語でしょ」

「無理数は英語で"irrational number"という．"ratio"は英語で比という意味だ．そして"rational number"は（整数の）比にできる数という意味になる．ところが，不幸なことに，英語の"rational"には『理性的な』あるいは『有理な』という意味もある．訳者が，まちがえて，こちらの有理をあててしまったというわけだ．"irrational"は"rational"の否定形で，（整数の）比にできない数という意味なのだが，有理の反意語ということで無理と訳してしまったというわけさ」

「なんだ，それはひどいじゃないか．比にできない数というのがもともとの意味なら，僕にだってわかるぞ」

「まあ，怒りなさんな．こんな誤訳は他にもごまんとある」

坂下さんは，そんなことでいいのだろうかと少し憤慨した．ここで，あいまいだったさっきの答えがわかった．0.33333...は無理数

第 8 章 無理数に挑戦

ではないということだ.なぜなら

$$0.33333\ldots = \frac{1}{3}$$

のように,整数の比で表される.昔は定義と聞いただけでいやになったが,改めて考えてみると,用語について,はっきりとした決まり,つまり定義を理解していることは大事なのだということに,坂下さんは気づいた.

賀臼さんはいった.

「そこで,つぎの坂下の疑問.循環小数が整数の比で表せるかどうかを考えてみよう」

$$0.32456324563245632456\ldots$$

坂下さんには,どうやっていいのかまったく見当がつかない.賀臼さんは,まず,この循環小数をAと置くといって説明を始めた.

$$A = 0.32456324563245632456\ldots$$

つぎに循環している数字は 32456 で 5 桁だから A を 100000 倍してみろと指示した.すると

$$100000A = 32456.32456324563245632456\ldots$$

となる.後は引き算すればいいといった.坂下さんは,このふたつの数字を良く見てみた.そして気づいた.小数点以下は無限に続いていくが,ふたつともまったく同じだ.とすると,引き算すれば消えてしまう.ようやく,光明が見えてきた.

$$100000A - A = 99999A = 32456$$

とすると

$$A = \frac{32456}{99999}$$

という分数になる．確かに分子も分母も整数だ．

そして，坂下さんはうなずいた．この方法は，どんな循環小数にも使える．とすれば，循環小数は，必ず整数の比で表すことができるということになる．つまり循環小数は，無理数ではなく，有理数だ．

「じゃ，練習のつもりで，つぎの循環小数を分数に直してごらん」

といって，賀臼さんは，つぎのような循環小数を書いた．

$$0.142857142857142857....$$

これは，142857 が無限に繰り返される循環小数のようだ．賀臼さんは，いちいち数字を書くのは面倒なので，循環小数は

$$0.\dot{1}4285\dot{7}$$

のように，循環する数字の列の最初と最後の頭にしるしをつけて置くのが通例だと教えてくれた．

坂下さんは，さっきの賀臼さんの計算例をまねした．まず

$$A = 0.\dot{1}4285\dot{7}$$

と置く．つぎに，循環している数字の数は 6 桁なので，両辺を 1000000 倍する．

第8章 無理数に挑戦

$$1000000A = 142857.\dot{1}4285\dot{7}$$

ここで，下の式から上の式をひくと

$$999999A = 142857$$

となる．

だから，この循環小数は

$$A = \frac{142857}{999999}$$

となる．確かに整数の比で表される．

坂下さんは思った．数学は，間違ったことをしなければ，正解にたどりつけるのだ．賀臼さんは

「このままでもいいが，実は，この分数は約分できる．坂下，挑戦してみないか」

といった．

約分ということは，分子と分母に共通の約数があるということだ．分母は明らかに9の倍数だ．見当もつかないが，とにかく分子を9で割ってみることにした．少し苦労したが

$$142857 \div 9 = 15873$$

となって，分子が9の倍数であることがわかった．とすれ

$$A = \frac{15873}{111111}$$

あとは見当がつかない．

賀臼さんは
　　「すべての位の数を足したものが 9 の倍数ならば，その数も
　　 9 の倍数，足したものが 3 の倍数ならば，その数も 3 の倍
　　 数になる」
とヒントをくれた．

　分母は，すべての位を足すと 6 なので，3 の倍数だ．分子の方は 24 となって，これも 3 の倍数だ．とすると分子分母を 3 で割れば

$$A = \frac{5291}{37037}$$

となる．しかし，ここにきて，坂下さんは完全にお手上げ状態になった．あてずっぽうに，適当な数字を試してみるが，約数がわからない．もしかして，これ以上は無理なのかもしれない．そう思っていたら，賀臼さんは
　　「分母をみろ」
とつぎのような式を書いた．

$$37037 = 37000 + 37$$

そうか，分母は 37 の倍数だ．それじゃ分子も試してみよう．

$$5291 \div 37 = 143$$

となって，分子も 37 の倍数となる．とすると

$$A = \frac{143}{1001}$$

となる．坂下さんは，やけくそになって 1001 を 143 で割ってみ

第8章 無理数に挑戦

た.そして驚いた.なんと割り切れて,答えは 7 だ.とすると,先ほどの循環小数は

$$A = \frac{1}{7}$$

と実に簡単となる.

坂下さんは,実際に $1 \div 7$ を計算してみて,先ほどの循環小数になることを確認した.賀臼さんは最初から,答えを知っていて問題を出したのだ.

賀臼さんは

「いきなり 999999 を 142857 で割ってみるのもひとつの手だったんだよ」

といった.

坂下さんは,そうかと思った.

「ただし,坂下のやり方も悪くない.正解にたどりつく方法はいくつもあるということだ.問題は,いつでも論理的に考えること.そして,たまには大胆な手に出てみることだな」

といった.坂下さんは,賀臼さんならどんな方法で解いただろうかとふと思った.

「ちなみに,13 と 11 も 143 と 1001 の約数だが」

と賀臼さんはいった.坂下さんは実際にこのことを確かめてみた.

ここで,坂下さんはふたたび頭の中を整理してみた.無理数というのは,整数の比では表せない数のことだ.小数点以下,無限に数が続く場合でも,ある規則にそって同じ数字の列が繰り返される循環小数は,整数の比で表せるので無理数ではない.

有理数：整数の比で表せる数
無理数：整数の比では表せない数

ふと坂下さんは疑問に思って，賀臼さんに聞いた．

「それでは，前にやった 0.999999... や 0.333333.. も循環小数ということ？」

「ああ，そうだ」

と賀臼さんは答えた．坂下さんは，何か違和感があったが，そんなものかと納得した．

「これで，無理数の定義はわかったな．それでは，2次方程式の解法に移ろう．まず，つぎの方程式を解いてみてくれ」

例題 8-1　つぎの方程式を解け

$$x^2 = 4$$

坂下さんは，きっと賀臼さんは自分を馬鹿にしていると思った．2回かけて4になるのは2に決まっている．答えは $x = 2$ だ．

ところが賀臼さんは不正解といった．

「-2 を2乗しても4になる」

坂下さんはついうっかりしていた．

「それに，前にやった方法をもう忘れているぞ．$x^2 = 4$ は $x^2 - 4 = 0$ となる．だから

$$x^2 - 4 = x^2 - 2^2 = (x+2)(x-2) = 0$$

第 8 章　無理数に挑戦

と因数分解できて，答えは $x = 2$ と $x = -2$ になる」

　坂下さんは，自分がうっかりしていたことに気づいた．どうも，循環小数などという 2 次方程式とは関係のない問題をやらされていると，ついつい習ったことを忘れてしまう．早合点はいけないのだ．常に基本に忠実になろう．そう肝に銘じた．

　「まあいい．誰にでもうっかりミスはある．大事なのは，それを反省して，つぎからは，同じミスをしないように気をつけるということだ」

　坂下さんは，これは数学だけではなく，多くのことに当てはまることだなと心に刻んだ．

　賀臼さんは，それではつぎの問題はどうだ，といってきた．

例題 8-2　　つぎの方程式を解け

$$x^2 = 2$$

　坂下さんは例題 8-1 と同じようにやればよいと考えた．しかし，2 回かけて 2 になる数字が浮かばない．見当をつけて 1.4 をまず考えてみた．しかし

$$1.4 \times 1.4 = 1.96$$

となって，2 よりも小さい．それならばと 1.5 を試してみると

$$1.5 \times 1.5 = 2.25$$

となって，2 よりも大きくなってしまう．つまり，1.4 と 1.5 の間に答えはあることになる．坂下さんは，頑張って小数点以下 4 桁

の 1.4142 まで来たところであきらめた．いったいどこまで続くのだろう．すると賀臼さんは

「いくら計算しても，きっちり 2 になることはないよ．無限に数字が続くからな」

「えっ，無限に数字が続くの？」

坂下さんは，もしからしたら，この問題は宿題になるかと思ったが，無限に数字が続くのでは，朝までかかっても答えは出ないことになる．

「これが整数の比では表せない無理数の特徴なんだ」

しかし，2 回かけて 2 になる数に終わりがないというのは変な気がする．

「無理数だから，いくら紙があっても書ききれない．そこで，ルートという記号を考案して $\sqrt{2}$ と表記することにしたんだ．ルートは，英語の root で根という意味だ．日本語ではルートのことを根号ともいう．そして，$\sqrt{2}$ を 2 の平方根と呼んでいる」

平方根か．ルートという記号の名前もどこかで聞いたことがある．ルートを使えば，例題 8-2 の答えは

$$x = \sqrt{2} \quad と \quad x = -\sqrt{2}$$

と書くことができる．坂下さんは確認した．負号のついた解を忘れてはいけない．正と負をまとめて

$$x = \pm\sqrt{2}$$

と表記できると賀臼さんは教えてくれた．そして，無理数を使うことを許せば

第 8 章　無理数に挑戦

$$x^2 - 2 = (x + \sqrt{2})(x - \sqrt{2})$$

と因数分解できるという．確かに，その通りだ．こうしてみると，無理数もあながち変な存在とはいえないような気もする．

　つぎに，賀臼さんはつぎのような数列を紙に書いた．

$$\sqrt{1}, \sqrt{2}, \sqrt{3}, \sqrt{4}, \sqrt{5}, \sqrt{6}, \sqrt{7}, \sqrt{8}, \sqrt{9}, \sqrt{10}$$

これは 1 から 10 までの平方根だが，これらすべてが無理数ではないと賀臼さんはいった．確かに $\sqrt{4}$ と $\sqrt{9}$ は有理数だ．よって

$$1, \sqrt{2}, \sqrt{3}, 2, \sqrt{5}, \sqrt{6}, \sqrt{7}, \sqrt{8}, 3, \sqrt{10}$$

となる．さらに，平方根は普通の数字と同じなので，自由に足したり引いたり，掛けたり，割ったりができるという．

　例えば

$$\sqrt{2} \times \sqrt{3} = \sqrt{2 \times 3} = \sqrt{6}$$

や

$$\frac{\sqrt{10}}{\sqrt{2}} = \sqrt{\frac{10}{2}} = \sqrt{5}$$

のように計算できるらしい．

　しかし，数が無限に続くものが世の中にあるということは，とても不思議だなと坂下さんは思った．それと，無理数などというものは，2 次方程式を解くという用途以外は，かなり特殊なものではなかろうか．無限につづく数を日常でそう使うとは思えない．こんな疑問を賀臼さんに投げかけると，

　　「そんなことはない．無理数は身近なところに潜んでいる」

といって，つぎのような図を描いてくれた．

大きな正方形は，一辺の長さが 2 の正方形だから面積は 4 となる．つぎに，この正方形の各辺の中点を結んでできる正方形を考えてみる．すると，その面積は，ちょうど大きな正方形の半分だ

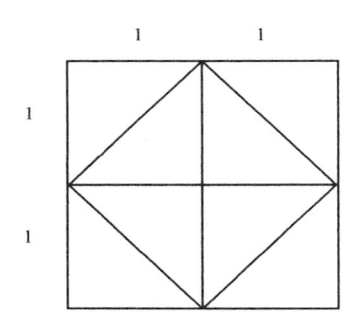

から 2 だ．とすると，この正方形の 1 辺の長さは $\sqrt{2}$ ということになる．

いわれてみれば，その通りだが，坂下さんはちょっとびっくりした．だって，この正方形は，ちゃんと紙に書いてある．とすれば，その辺の長さだって決まっているはずだ．それが，無限に続く数とはおかしい．

悩んでいる坂下さんを横目にみながら，賀臼さんは

「今日は，これくらいにしておこう」

そういって，宿題を坂下さんに渡した．

○本日の宿題

《宿題 8-1 》つぎの 2 次方程式の解を求めよ．

第8章 無理数に挑戦

① $x^2 = 7$ ② $(x-2)^2 = 3$ ③ $2x^2 - 3 = 1$

✎坂下さんの宿題の解答

《宿題 8-1》

① 両方の平方根をとればよい．すると

$$\pm x = \pm\sqrt{7}$$

となる．ここで坂下さんは少し悩んだ．賀臼さんの書き方と少し違うな．そうか，x^2の平方根を$\pm x$と書いたからだ．でも，これが正しいはずだ．そこで坂下さんは，それを確かめることにした．すべてのケースを書き出すと

$$+x = +\sqrt{7} \quad +x = -\sqrt{7} \quad -x = +\sqrt{7} \quad -x = -\sqrt{7}$$

の4通りになる．

ここで坂下さんは，後ろの2個の式に注目した．xに−がついている．これをとってみよう．両辺に−1をかけてみる．すると

$$+x = -\sqrt{7} \quad +x = +\sqrt{7}$$

となって，前の2式と同じとなる．さらに+は省略してもよいから

$$x = \pm\sqrt{7}$$

でよいことになる．やはり賀臼さんは正しかった．坂下さんは，これで安心して次に進むことにした．

②　$(x-2)^2 = 3$ の両辺の平方根をとろう．すると

$$x - 2 = \pm\sqrt{3}$$

となるから

$$x = 2 \pm \sqrt{3}$$

が解だ．

③　$2x^2 - 3 = 1$　移項して　$2x^2 = 4$　両辺を 2 で割って $x^2 = 2$
さらに平方根をとると

$$x = \pm\sqrt{2}$$

が解となる．

【コラム】*****************************

その1　"$\sqrt{2}$ が無理数であることの証明"

$\sqrt{2}$ が無理数でないとしたら，整数 m と n の比で表されることになる．よって

$$\sqrt{2} = \frac{m}{n}$$

と書くことができる．ただし，この分数はちゃんと約分されているものとする．とすると，m と n は互いに素であり，m あるいは n のいずれかは必ず奇数である．この両辺を 2 乗してみよう．すると

$$2 = \frac{m^2}{n^2}$$

第 8 章　無理数に挑戦

となり
$$m^2 = 2n^2$$

という関係式がえられる．これは，m^2 が偶数であることを示している．さらに，2 乗して偶数になるのは偶数でしかありえない．よって，m も偶数となる．

　そこで
$$m = 2k$$

と置く．すると

$$4k^2 = 2n^2 \qquad n^2 = 2k^2$$

となるので，n も偶数ということになる．これは最初の仮定に反する．

その 2 "3 と 9 の倍数の見分け方"

　例として 4 桁の数字を考える．それを $abcd$ としてみよう．この数字は
$$1000a + 100b + 10c + d$$

という和で表される．この式は，さらに

$$(999+1)a + (99+1)b + (9+1)c + d$$

と分解できるから

$$(999a + 99b + 9c) + (a+b+c+d)$$

という和で表現できる．最初のカッコの中の和は，必ず9の倍数となるから

$$a+b+c+d$$

が9の倍数ならば4桁の数 *abcd* は9の倍数となる．

　同様にして，最初のカッコは3の倍数であるから，$a+b+c+d$ が3の倍数であれば，数 *abcd* は3の倍数となる．

　いまの場合，4桁の結果を示したが，桁数が増えても，まったく同じことがいえる．つまり，この規則は，すべての数字に適用できることになる．

****

賀臼さんの英語講座

倍数	multiple
桁	place
有理数	rational number
無理数	irrational number
比	ratio
根号	root
循環小数	decimal recurring
無限	infinity
有限	finite
証明	proof
小数点	decimal point
整数	whole number

第9章 直角三角形と無理数

　坂下さんは無理数というのは,いままでめったにない珍しい数字だと思っていた.なにしろ,小数点以下に数字が無限に続くのだ.ところが,賀臼さんは,われわれのまわりは無理数であふれているといっている.例えば,1辺の長さが1の正方形の対角線の長さは $\sqrt{2}$ という無理数だ.

　でも,これをすぐに納得するのは難しい.正方形を描くのも,その対角線をひくのも簡単にできる.にもかかわらず,その対角線の長さは,ある決まった数ではなく,際限なく数字が続いていく無理数だというのだ.坂下さんは,無限に出会って,悩んでしまった.やはり,自分は数学に向いていないのだろうか.

　「坂下は三平方の定理というのを聞いたことがあるか?」
　「どこかで聞いたことはあるね」
　「ピタゴラスの定理ともいう」
坂下さんも,ピタゴラスという名前は知っている.確か,大昔のギリシャの有名な数学者だ.

　「これは,直角三角形の3つの辺の長さの関係を示したものなんだ」
　そういって,賀臼さんはつぎのような図を描いて説明してくれた.

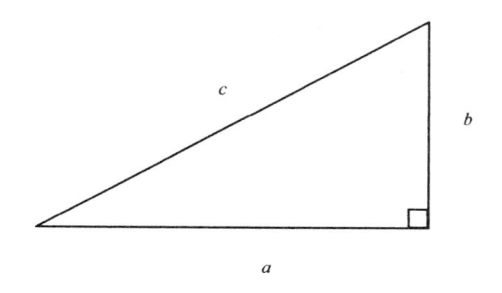

「直角三角形の直角をはさんだ 2 辺の長さを a と b とし，斜辺の長さを c とすると

$$a^2 + b^2 = c^2$$

という関係が成立する．2 乗のことを平方ともいうんだ．つまり，平方が 3 つの関係だから三平方の定理という．いまはピタゴラスの定理というほうがなじみ深いかもしれない」

坂下さんは，どこかで聞いたことがある定理だと思った．そうか思い出した．確か，$a = 3, b = 4, c = 5$ は，この関係を満足するんだった．

「この関係を満足する自然数のこと．をピタゴラス数と呼んでいる．実は，ピタゴラス数は数限りなくあることが知られている．例えば

　　(5, 12, 13)　　(7, 24, 25)　　(8, 15, 17)　　(20, 21, 29)

などがそうだ」

坂下さんは検算をしてみた．

第9章 直角三角形と無理数

$$5^2 = 25, \ 12^2 = 144, \ 13^2 = 169$$

となるから，確かに

$$5^2 + 12^2 = 13^2$$

となる．賀臼さんがいったピタゴラス数は，すべて三平方の定理を満足することを坂下さんは確かめた．

　「実は，三平方の定理を満足する数を無理数まで拡張すれば，
　　無理数は山のように現れる」
と賀臼さんはいった．
　まず

$$a = 1, \ b = 1, \ c = \sqrt{2}$$

これは1辺の長さが1の正方形の対角線に相当する．このことは，坂下さんにもわかる．つぎに

$$a = 1, \ b = \sqrt{2}, \ c = \sqrt{3}$$

となる．これを図に描いてみると，いまの斜辺を，直角をはさむ辺として，1辺の長さが1の直角三角形を描けば，その斜辺の長さが $\sqrt{3}$ ということになる．

　この操作を繰り返せば

$$\sqrt{3}, \ \sqrt{4}, \ \sqrt{5}, \ \sqrt{6}, \ \sqrt{7}$$

という長さを順次つくっていくことができる．
　坂下さんは驚いた．賀臼さんのいうとおりだ．無理数は，われわれのまわりに山のようにあるのだ．

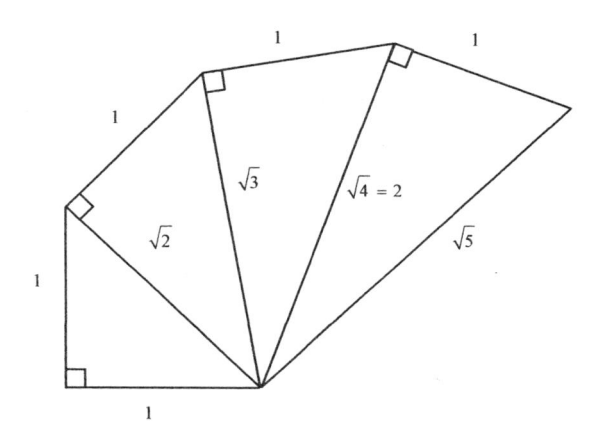

「実は，因数分解できない2次方程式を解法するためには無理数が必要になる」

こう賀臼さんは切り出した．そして，つぎの問題を出した．

例題 9-1 $(x-a)^2 = b^2$ を満足する x を求めよ．

これならば，坂下さんにも何とかなりそうだ．2乗したものが同じなのだから

$$x - a = b$$

となるはずだ．とすれば

$$x = a + b$$

が解となる．

第9章　直角三角形と無理数

賀臼さんに答えを見せると，
　「また基本を忘れているな」
といって，つぎの式を坂下さんに見せた．

$$(-b) \times (-b) = b^2$$

そうか．とすると

$$x - a = \pm b \quad より \quad x = a \pm b$$

となる．
　さらに賀臼さんは，因数分解による別解も見せてくれた．

$$(x-a)^2 = b^2 \qquad (x-a)^2 - b^2 = 0$$
$$(x-a+b)(x-a-b) = 0$$

こう変形すれば確かに，$x = a-b$ と $x = a+b$ が解となることがわかる．
　「それでは，つぎの問題はどうだ」
と賀臼さんは紙を渡した．

例題 9-2　$(x-a)^2 = b$ を満足する x を求めよ．

いまの問題とよく似ているが，右辺の b が 2 乗ではなくなっている．ここで坂下さんは

$$(\sqrt{b})^2 = b$$

ということを思い出した．とすると

$$(x-a)^2 = (\sqrt{b})^2$$

ということになる．したがって

$$x - a = \pm\sqrt{b}$$

となる．よって解は

$$x = a \pm \sqrt{b}$$

と与えられる．

　坂下さんは，ちょっと不安だったが，答えを賀臼さんに見せた．すると，賀臼さんは，正解といった．これならば，b がどんな数でも答えを出すことができる．

　ここで，坂下さんは納得した．2 次方程式が

$$(x-a)^2 = b$$

というかたちに変形できれば，因数分解ができなくとも解がえられる．この方法は万能だ．b がどんな数字でも，その平方根をとればよいことになる．賀臼さんが無理数を使えば，因数分解できない2 次方程式が解法できるといったのは，このことだったのだ．

　ついでに，坂下さんは逆のプロセスも実行した．つまり，左辺の展開である．すると

$$x^2 - 2ax + a^2 = b$$

つまり，もとの方程式が

$$x^2 - 2ax + a^2 - b = 0$$

第9章　直角三角形と無理数

というかたちをしていれば，すべて解がえられることになる．

　すると，賀臼さんはつぎの問題を出した．

例題 9-3　$x^2 - 2x - 6 = 0$ を解け．

　坂下さんは，これならできそうだと思った．

$$x^2 - 2x + 1 = (x-1)^2$$

を利用すればいいはずだ．

$$x^2 - 2x - 6 = x^2 - 2x + 1 - 7 = (x-1)^2 - 7$$

であるから

$$(x-1)^2 = 7$$

を解けばよいことになる．

　よって

$$x - 1 = \pm\sqrt{7}$$

となり，解は

$$x = 1 \pm \sqrt{7}$$

と与えられる．

　賀臼さんは

　　「それでは，今日の最後の問題だ」

といって，つぎの問題を坂下さんに手渡した．

例題 9-4　$x^2 + \dfrac{2}{3}x - 6 = 0$ を解け.

坂下さんは，ちょっと迷った．どうやったら

$$(x+a)^2$$

のかたちにできるのだろうか．ここは基本に帰ってみよう．まず

$$x^2 + 2ax + a^2 = (x+a)^2$$

というかたちを確認する．いまの場合，x の係数は 2/3 であるから

$$\frac{2}{3} = 2a$$

を満足する a を探せばよいことになる．つまり a の値は 1/3 となる．

ならば

$$x^2 + \frac{2}{3}x + \left(\frac{1}{3}\right)^2 = \left(x + \frac{1}{3}\right)^2$$

を利用すればいいはずだ．

$$x^2 + \frac{2}{3}x - 6 = \left(x + \frac{1}{3}\right)^2 - \frac{1}{9} - 6 = \left(x + \frac{1}{3}\right)^2 - \frac{55}{9} = 0$$

よって

第9章 直角三角形と無理数

$$\left(x+\frac{1}{3}\right)^2 = \frac{55}{9}$$

こうなれば後は簡単だ.

$$x+\frac{1}{3} = \pm\sqrt{\frac{55}{9}}$$

つまり解は

$$x = -\frac{1}{3} \pm \sqrt{\frac{55}{9}}$$

となる.

坂下さんは自信を持った.これで x の係数が分数の場合でも2次方程式を解くことができる.もちろん,係数が小数でもやり方は同じだ.x の係数の1/2を a とすればいいだけの話だ.これならば,どんな場合にも適用できる.坂下さんは,急に自信が出てきた.そして,賀臼さんのいった「数学の汎用性」という言葉を思い出した.

○本日の宿題

《宿題9-1》 つぎの2次方程式の解を求めよ.

① $x^2 - 2x - 4 = 0$

② $x^2 - \dfrac{2}{3}x - 1 = 0$

③ $x^2 + \dfrac{1}{5}x - 2 = 0$

📎坂下さんの宿題の解答

《宿題 9-1》

① $x^2 - 2x + 1 = (x-1)^2$ を利用しよう.

$$x^2 - 2x - 4 = x^2 - 2x + 1 - 5 = (x-1)^2 - 5 = 0$$

移項して

$$(x-1)^2 = 5$$

両辺の平方根をとると

$$x - 1 = \pm\sqrt{5}$$

となり，解は

$$x = 1 \pm \sqrt{5}$$

となる.

② $x^2 - \dfrac{2}{3}x - 1 = 0$

$$x^2 - \dfrac{2}{3}x - 1 = \left(x - \dfrac{1}{3}\right)^2 - \dfrac{1}{9} - 1 = \left(x - \dfrac{1}{3}\right)^2 - \dfrac{10}{9} = 0$$

$$\left(x - \dfrac{1}{3}\right)^2 = \dfrac{10}{9} \qquad x - \dfrac{1}{3} = \pm\dfrac{\sqrt{10}}{3}$$

よって

第9章 直角三角形と無理数

$$x = \frac{1}{3} \pm \frac{\sqrt{10}}{3}$$

③ $x^2 + \frac{1}{5}x - 2 = 0$

$$\left(x + \frac{1}{10}\right)^2 - \frac{1}{100} - 2 = \left(x + \frac{1}{10}\right)^2 - \frac{201}{100} = 0$$

$$x + \frac{1}{10} = \pm \frac{\sqrt{201}}{10}$$

よって

$$x = -\frac{1}{10} \pm \frac{\sqrt{201}}{10}$$

✳✳✳ 〖コラム"ピタゴラスの定理の証明"〗 ✳✳✳✳✳✳✳✳✳✳✳✳✳✳✳

　図のような一辺の長さが c の正方形を考える．これら辺が直角三角形となるように，4個の三角形を描くと，中心に辺の長さが $b-a$ の正方形ができる．

　よって，大きな正方形の面積は，4個の直角三角形の面積と，中心の正方形の面積を足したものとなる．したがって

$$c^2 = \frac{1}{2}ab \times 4 + (b-a)^2$$

という関係がえられる．

$$右辺 = \frac{1}{2}ab \times 4 + (b-a)^2 = 2ab + a^2 - 2ab + b^2 = a^2 + b^2$$

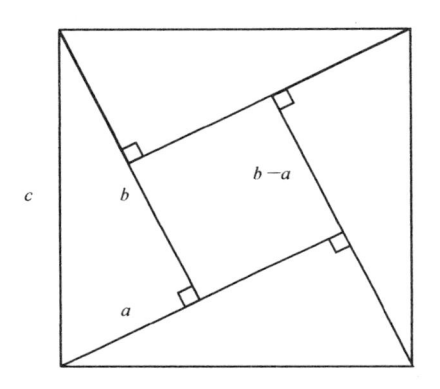

となるので，ピタゴラスの定理である

$$a^2 + b^2 = c^2$$

が成立することがわかる．

****

🌿賀臼さんの英語講座🌿

三角形	triangle
直角三角形	rectangular triangle
ピタゴラスの定理	Pythagoras's theorem
対角線	diagonal
根	root
解	solution

第10章 2次方程式の解の公式

坂下さんは思った．昨日の宿題は実に簡単だった．自分の数学の能力は確実に向上している．賀臼さんにそう聞いてみたかったが，賀臼さんはつれない．

坂下さんを見ると

「今日で2次方程式を卒業する」

と宣言した．坂下さんはあれっと思った．昨日で，2次方程式の解法は完璧にマスターしたと思っていたからだ．まだ，何か残っているのだろうか．

賀臼さんは，つぎの問題を出した．

例題 10-1 $3x^2 + 9x - 11 = 0$ を解け．

坂下さんは，この方程式を見て困った．x^2 に3がかかっている．これでは，簡単に平方のかたちにできない．どうしたらよいだろう．

すると賀臼さんは，両辺を3で割ればいいとヒントをくれた．

$$x^2 + 3x - \frac{11}{3} = 0$$

こうなれば，後は簡単だ．

$$x^2 + 2\left(\frac{3}{2}\right)x + \left(\frac{3}{2}\right)^2 - \left(\frac{3}{2}\right)^2 - \frac{11}{3} = \left(x + \frac{3}{2}\right)^2 - \frac{9}{4} - \frac{11}{3} = \left(x + \frac{3}{2}\right)^2 - \frac{71}{12}$$

と変形できる．すると

$$\left(x + \frac{3}{2}\right)^2 = \frac{71}{12}$$

となる．よって

$$x + \frac{3}{2} = \pm\sqrt{\frac{71}{12}}$$

となり，解は

$$x = -\frac{3}{2} \pm \sqrt{\frac{71}{12}}$$

と与えられる．

　賀臼さんは，ここまできたら，どんな場合にでも適用できる一般式をつくってしまおうと提案した．

例題 10-2　$ax^2 + bx + c = 0$ を解法せよ．

　坂下さんは思った．確かに，この2次方程式が解ければ，すべての場合に適用できる．この問題は自分で解いてみよう．まず，x^2 に a がかかっているので，両辺を a で割ってみる．

第10章 2次方程式の解の公式

$$x^2 + \frac{b}{a}x + \frac{c}{a} = 0$$

つぎに，x の係数が b/a であるから

$$\left(x + \frac{b}{2a}\right)^2 = x^2 + \frac{b}{a}x + \frac{b^2}{4a^2}$$

という式を利用する．

すると

$$x^2 + \frac{b}{a}x + \frac{c}{a} = \left(x + \frac{b}{2a}\right)^2 - \frac{b^2}{4a^2} + \frac{c}{a} = 0$$

となる．後は，移項すればよい．

$$\left(x + \frac{b}{2a}\right)^2 = \frac{b^2}{4a^2} - \frac{c}{a}$$

ついでに右辺を通分しておこう．

$$\left(x + \frac{b}{2a}\right)^2 = \frac{b^2 - 4ac}{4a^2}$$

ここまでくれば，後は簡単だ．

$$x + \frac{b}{2a} = \pm\sqrt{\frac{b^2 - 4ac}{4a^2}} = \pm\frac{\sqrt{b^2 - 4ac}}{2a}$$

となる．

すると，解は

$$x = -\frac{b}{2a} \pm \frac{\sqrt{b^2 - 4ac}}{2a}$$

となる．分母が同じなので

$$x = \frac{-b \pm \sqrt{b^2 - 4ac}}{2a}$$

とまとめてもよい．

　何か，複雑なかたちをしているが，これで，すべての2次方程式に適用できる解法を手にしたことになる．坂下さんは，何か誇らしくなった．賀臼さんのいうとおりだ．数学には汎用性がある．

例題 10-3　解の公式を利用して，2次方程式 $3x^2 + 9x - 11 = 0$ を解法せよ．

　坂下さんは，いまつくったばかりの公式に数値を代入することにした．すると

$$x = \frac{-b \pm \sqrt{b^2 - 4ac}}{2a} = \frac{-9 \pm \sqrt{81 + 132}}{6} = \frac{-9 \pm \sqrt{213}}{6}$$

となる．

　この問題は，例題 10-1 と同じ問題だから，答えは，さっきと同じになるはずだ．そこで，この答えを少し変形してみよう．すると

第10章 2次方程式の解の公式

$$x = -\frac{3}{2} \pm \frac{\sqrt{71 \times 3}}{6} = -\frac{3}{2} \pm \frac{\sqrt{71}}{2\sqrt{3}} = -\frac{3}{2} \pm \sqrt{\frac{71}{12}}$$

となって，確かに同じ解のかたちになった．

賀臼さんは

「よくここまで来たな」

と坂下さんを珍しくほめてくれた．ただし，これで終わったわけではないという．坂下さんには，賀臼さんのいっている意味がわからなかった．ちゃんと，解の公式まで導き出したではないか．その他に，やるべきことなど思いつかない．

賀臼さんは

「それでは，つぎの方程式を解いてみてくれ．ただし，解の公式は使わないように」

と指示した．

例題 10-4 2次方程式 $3x^2 + 9x + 11 = 0$ を解け．

坂下さんは，この式を見て「なんだ簡単じゃないか」と思った．まず，両辺を3で割る．

$$x^2 + 3x + \frac{11}{3} = 0$$

こうなれば，後は簡単だ．

$$\left(x + \frac{3}{2}\right)^2 - \frac{9}{4} + \frac{11}{3} = \left(x + \frac{3}{2}\right)^2 + \frac{17}{12} = 0$$

と変形できる．すると

$$\left(x+\frac{3}{2}\right)^2 = -\frac{17}{12}$$

となる．

　ここまで来て，坂下さんは困ってしまった．右辺が負になっている．同じ数字を2回かけて負になることはない．つまり，右辺の平方根は存在しないことになる．悩んでいると，賀臼さんが

　「それでいいんだ．この方程式には解がない」

　「解がない！」

　「ああ，すべての2次方程式に解があるとは限らないんだ」

坂下さんは，すべての2次方程式に解があるものとばかり思ってきた．

　「例えば

$$x^2 + 4 = 0$$

という簡単な方程式にも解がない」

　坂下さんは4を移項して気づいた．右辺が負になるので，確かに平方根をとることができない．それにしても，方程式に解がないというのは，どうも落ち着かない．

　「深刻な顔をするな．いいか，数学的には，どんなときに2次方程式に解がないかということをきちんと判断できれば，まったく問題がないんだ」

　そんなことをいっても，解いてみなければわからないのではないだろうかと坂下さんは思った．

　「いいか，解の一般式を出すとき

$$\left(x+\frac{b}{2a}\right)^2 = \frac{b^2-4ac}{4a^2}$$

第 10 章　2 次方程式の解の公式

という式を導出したのを覚えているか」

坂下さんは，自分のノートを見返してみた．確かに，この式がある．

「坂下は，何も考えずに，右辺の平方根をとって

$$\pm \frac{\sqrt{b^2 - 4ac}}{2a}$$

としたが，もし右辺が負だったら平方根はとれないだろう」

坂下さんは気づいた．そうか．これがいまの問題に相当するんだ．文字で数式を書いていると気づかなかったが，右辺が負ならば，確かに平方根をとれない．つまり

$$\frac{b^2 - 4ac}{4a^2} \geq 0$$

でなければ解がないことになる．この式の分母の $4a^2$ は，a がどんな数であろうと常に正だから，解があるための条件は

$$b^2 - 4ac \geq 0$$

ということになる．

賀臼さんは

「この式を判別式と呼んでいる」

と教えてくれた．英語では"discriminant"というらしい．この頭文字をとって D と表記するようだ．つまり

$$D = b^2 - 4ac$$

ということになる．英語の"discriminate"という動詞は，「区別する」とか「弁別する」という意味がある．語源はそこらしい．

坂下さんはまとめを書いた．

2次方程式
$$ax^2 + bx + c = 0$$
の解は，判別式が
$$D = b^2 - 4ac \geq 0$$
のとき
$$x = \frac{-b \pm \sqrt{b^2 - 4ac}}{2a}$$
となり
$$D = b^2 - 4ac < 0$$
のとき，解なし．

よしこれで完璧だ．賀臼さんも満足そうだ．ずいぶんと時間がかかった気がするが，これで，すべての2次方程式に対処する方法を学習することができた．

○本日の宿題

《宿題 10-1》 つぎの方程式を解法せよ．

① $x^2 + 4x + 3 = 0$ ② $3x^2 + 5x + 3 = 0$

第10章 2次方程式の解の公式

③ $4x^2 + 4x - 15 = 0$ ④ $5x^2 + 2x + 1 = 0$

🖉 坂下さんの宿題の解答

《宿題 10-1》
坂下さんは，すべての方程式において判別式を調べてみた．

① $b^2 - 4ac = 4^2 - 4 \cdot 1 \cdot 3 = 16 - 12 = 4 > 0$

だから解がある．あとは解の公式を使えば

$$x = \frac{-b \pm \sqrt{b^2 - 4ac}}{2a} = \frac{-4 \pm \sqrt{4}}{2 \cdot 1} = \frac{-4 \pm 2}{2}$$

となり，解は $x = -1, -3$ となる．あるいは因数分解すれば

$$x^2 + 4x + 3 = (x + 1)(x + 3) = 0$$

となる．

② $b^2 - 4ac = 5^2 - 4 \cdot 3 \cdot 3 = 25 - 36 = -11 < 0$

となり，判別式が負となるので，この方程式には解がない．

③ $b^2 - 4ac = 4^2 - 4 \cdot 4 \cdot (-15) = 16 + 240 = 256 > 0$

となり，解がある．よって解の公式を使うと

$$x = \frac{-b \pm \sqrt{b^2 - 4ac}}{2a} = \frac{-4 \pm \sqrt{256}}{2 \cdot 4} = \frac{-4 \pm 16}{8} = \frac{-1 = 4}{2}$$

より解は

$$x = \frac{3}{2}, -\frac{5}{2}$$

と与えられる．

④　$b^2 - 4ac = 2^2 - 4 \cdot 5 \cdot 1 = 4 - 20 = -16 < 0$

となり，判別式が負となるので，この方程式には解がない．

🍃賀臼さんの英語講座🍃

2次方程式	quadratic equation
解	solution
公式	formula
判別式	discriminant

第 11 章　虚数

　坂下さんは，ようやく，すべての 2 次方程式を解く方法をマスターして満足だった．賀臼さんによると，これはまだ中学生レベルのようだが，自分にとっては大きな第一歩だ．そういえば，昔，国の教育を決める委員会の席上で，委員長が自分の妻の話として「2 次方程式の解の公式を知らなくとも，生活に困ったことがない」ということを紹介したらしい．あれから，日本の教育がだめになったような気がする．
　賀臼さんは
　　「それは，本人が知らないだけで，普段の生活には数学はなくてはならない存在ということに変わりはない．それを否定したから，日本はだめになった」
といっていた．坂下さんも，その通りだと思った．しかし，ついこないだまでは，自分も数学など必要ないと考えていたのだ．
　　「今日は，あまり役には立たないと思われている数学を勉強しよう」
　賀臼さんはこう切り出した．
　　「まず，2 次方程式の解の公式を思い出そう」
坂下さんは，昨日やったばかりの公式を書いた．

$$x = \frac{-b \pm \sqrt{b^2 - 4ac}}{2a}$$

このとき,ルートの中の

$$D = b^2 - 4ac$$

を判別式と呼んで,これが負の数だったら,方程式の解はない.これが昨日までに習ったことだ.賀臼さんは

「もし,仮に2乗して負の数になるものがあったらどうだ」
と聞いた.

坂下さんは,賀臼さんが突然変なことをいい出すので戸惑った.そんな数がないからこそ解なしというのだ.坂下さんが返答に困っていると

「実は,それを勝手につくってしまったひとがいる」
つくるといっても,実在しないものをどうやってつくるのか,坂下さんは不思議でしようがなかった.賀臼さんは

$$i^2 = -1 \quad あるいは \quad i = \sqrt{-1}$$

と表記した.ここで,この i という数字がつくられたもののようだ.英語では想像の数ということで,"imaginary number"と呼ぶらしい.i という記号は"imaginary"つまり想像という英語の頭文字である i からとったもののようだ.

「日本語では虚数と呼んでいる」
と賀臼さんはいった.そういえば,虚数(きょすう)という言葉を聞いたことがある.

「われわれが普段使っている実在する数のことを実数と呼

第 11 章 虚数

んでいる.そして,ここが重要なことなんだが,虚数を使えば,解のない 2 次方程式にも解があることになる」

例として,賀臼さんは,つぎの 2 次方程式を書いた.

$$x^2 + 4 = 0$$

この方程式には解がない.しかし,虚数を使うと

$$x^2 = -4 \qquad x = \pm 2i$$

となって,答えが出る.

「虚数を使えば,解なしということがなくなり,すべての 2 次方程式に 2 個の解があるといえるようになる.実は,もっとすごいことがいえる.それは,虚数を使うことが許されれば,すべての n 次方程式には n 個の解があると普遍化できるんだ」

なにかおおげさになったが,坂下さんには,それは意味がないことのように思える.n 次方程式というのもよくわからない.それに,普遍的といわれても,実在の数でないものを使っても,それは,所詮まぼろしである.

例題 11-1 つぎの 2 次方程式を解け.

$$2x^2 + 2x + 3$$

まず,判別式を計算すると

$$D = b^2 - 4ac = 2^2 - 4 \times 2 \times 3 = 4 - 24 = -20 < 0$$

となって，負であるから，実数の世界だけでは「解なし」が答えとなる．しかし，虚数を使えば話は別だ．

$$x = \frac{-b \pm \sqrt{b^2 - 4ac}}{2a} = \frac{-2 \pm \sqrt{-20}}{2 \cdot 2} = \frac{-2 \pm 2\sqrt{5}i}{4} = -\frac{1}{2} \pm \frac{\sqrt{5}}{2}i$$

となって答えが出せる．

　今の方程式の解には，実数と虚数が両方入っている．このような数を複素数と呼ぶと賀臼さんは教えてくれた．

　しかし，そういわれても，坂下さんにはピンとこない．とにかく，実在の数ではない虚構の世界のことだ．

　賀臼さんは，坂下さんの心を読んだように

　　「確かに，虚数を最初に考えたカルダノというひとは，虚数の導入によって数学の汎用性は増すが，何の役にも立たないといっているのも確かだ」

といった．坂下さんは，そうだろうとうなずいた．

　　「しかし，導入された当初は役立たずと思われていたものでも，その後に大活躍することが数学の世界にはよくある．
　　実は，虚数は，まさにその典型例なんだよ」

と賀臼さんはいった．実在しない数が役に立つ！　そんなことはにわかには信じられない．

　　「坂下は量子力学という学問のことを聞いたことがあるか」

名前ぐらいは聞いたことがある．おそろしく難しい学問という印象がある．天才だけがマスターできる学問．そんなイメージだ．

　　「量子力学というのは，われわれの目にはみえない小さな世

第11章 虚数

界の物理現象を扱う学問のことなんだ．ただし，すべての物質は，原子という小さなものからできているから，根本的な問題を扱う学問ということになる」

坂下さんは，目に見えない世界の現象を扱うことができるのだろうかと，少し疑問に思った．目にみえないのでは，何も測定できないだろう．

「実は，量子力学は虚数を使わないと解けないんだ」

坂下さんは驚いた．嘘だろうとも思った．われわれが住んでいる世界は実在の世界だ．それなのに，その世界を描くのに，想像の産物でしかない虚数を使うというのはおかしな話だ．

「不思議なことではあるが，すべてのものをかたちづくっているミクロの世界は虚数に支配されている」

？？？坂下さんにはとても信じられない．

「だから，万物のもとは虚数なりというひとも居るくらいだ」

2次方程式の「解なし」を「解あり」に変えるために導入された虚数．想像の産物でしかなかったものが，実は，われわれの世界を支配している．まるで，空想科学小説の世界ではないか．

○本日の宿題

《宿題 11-1》 つぎの方程式の解を求めよ．

① $x^2 + 16 = 0$ ② $x^2 + 7 = 0$ ③ $(x-2)^2 + 3 = 0$

《宿題 11-2》 つぎの方程式の解を求めよ．

① $x^2 + 2x + 3 = 0$ ② $3x^2 + 4x + 2 = 0$

🖉 坂下さんの宿題の解答

《宿題 11-1》

① 定数を移項すると
$$x^2 = -16$$
実数の範囲では解がないが，虚数を使うと
$$x = \pm 4i$$
が解となる．

② 定数を移項すると
$$x^2 = -7$$
実数の範囲では解がないが，虚数を使うと
$$x = \pm\sqrt{7}i$$
が解となる．

③ 定数を移項すると
$$(x-2)^2 = -3$$
実数の範囲では解がないが，虚数を使うと
$$x - 2 = \pm\sqrt{3}i \qquad x = 2 \pm \sqrt{3}i$$
が解となる．

第11章 虚数

《宿題 11-2》

① 解の公式を使う．

$$x = \frac{-b \pm \sqrt{b^2 - 4ac}}{2a} = \frac{-2 \pm \sqrt{-8}}{2 \cdot 1} = \frac{-2 \pm 2\sqrt{2}i}{2} = -1 \pm \sqrt{2}i$$

② 同様にして

$$x = \frac{-b \pm \sqrt{b^2 - 4ac}}{2a} = \frac{-4 \pm \sqrt{-8}}{2 \cdot 3} = \frac{-4 \pm 2\sqrt{2}i}{6} = -\frac{2}{3} \pm \frac{\sqrt{2}}{3}i$$

*** 〚コラム"**虚数と回転**"〛 ********************

実数の世界は下図のような1本の線で表現することができる．

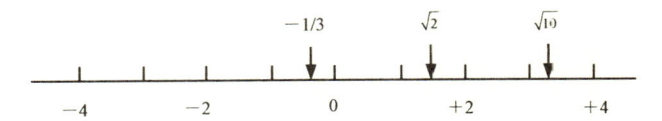

整数，小数，分数，無理数すべての実数が，この直線上の点として指定することができる．このような直線を数直線と呼んでいる．いわば実数の世界は1次元の世界なのである．

ところが，虚数は，この数直線上の点として表現することはできない．もともと，虚数は実在しないものなので，当たり前ではないかといわれるかもしれないが，虚数を表すうまい方法がある．

その前に，数直線で-1をかける操作を考えてみよう．1を例にとれば，その計算は

$$1 \times (-1) = -1 \qquad -1 \times (-1) = 1$$

となる．

この操作は，数直線で示すと，0を中心として反時計回りに180°回転させる操作に相当する．普段の会話でも方針を180°転換するなどと使う．

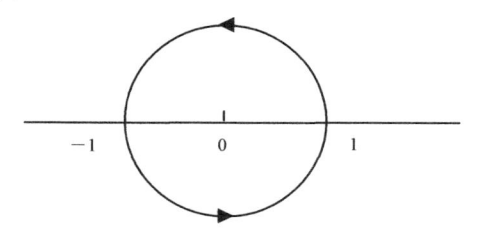

以上を踏まえたうえで，虚数の働きを考えてみる．虚数の定義は

$$i^2 = -1$$

であった．よって

$$1 \times i \times i = -1$$

となる．

つまり虚数（i）は2回かけて180°回転させる操作となる．とすれば，iを1回かける操作を下図のように，反時計まわりの90°回転とみなすこともできる．

つまり，虚数には2次方程式の解を便宜的にあたえるという働きだけではなく，回転という機能がある．この結果，虚数は数学的道具として重要な位置を占めるに至ったのである．

第 11 章　虚数

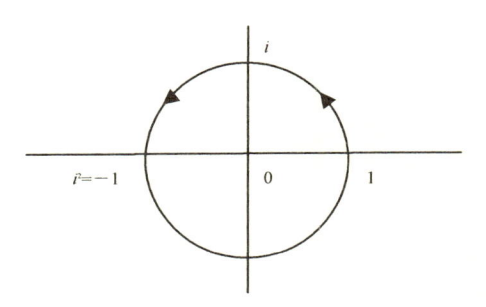

****

賀臼さんの数学英語講座

虚数	imaginary number
実数	real number
複素数	complex number
量子力学	quantum mechanics
回転	rotation
数直線	number line

第 12 章　黄金比と 2 次方程式

「今日からは，いよいよ応用問題に入ろう」
と賀臼さんはいった．

「坂下は，黄金比という言葉を知っているか」

坂下さんは，『おうごんひ』などまったく聞いたことがない．黄金比と書くらしいが，初耳である．

「英語では"golden ratio"という．例として長方形を出そう．ひとは，長方形のたてと横の長さの比がどれくらいのときに最も美しいと感じると思う？」

「そんなのはひとによってまちまちじゃないのかな」
坂下さんは正直に思っていることをいった．

「それが，そうでもないんだ．いろいろな建築物やデザインを調べると，芸術家はある比に近い長方形を美しいと感じているようなのだ．その比を，黄金比と呼んでいる」

そんなものかなと坂下さんは不思議に思った．しかし，どんなかたちの長方形が美しいのだろう．すると，賀臼さんは紙に図のような図形を描いた．

「ひとが見て美しいと感じる長方形は，そのたてと横の比が，図のように短い方の辺を一辺とする正方形を描いたときにできる小さい長方形のたてと横の比が，そのまま維持されるものなんだ．式で書くと

第12章 黄金比と2次方程式

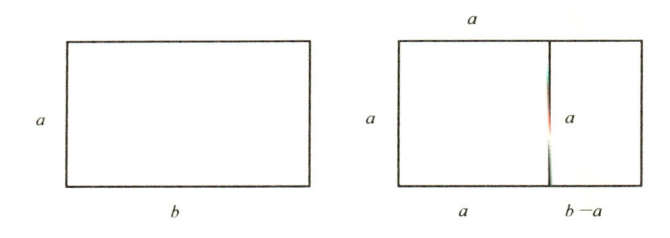

$$a:b = b-a:a$$

となる」

「じゃ,この比がどれくらいになるか実際に計算してみてくれ.計算のために,aを1,bをxとしてみよう.こうすれば,xの値が黄金比ということになる」

こういって賀臼さんは式を書き直した.

$$1:x = x-1:1$$

坂下さんは,この式を計算することにした.比が等しいということは

$$\frac{1}{x} = \frac{x-1}{1}$$

ということになる.両辺をx倍すると

$$1 = x(x-1)$$

こうなる.賀臼さんは比が等しい場合には内項どうしをかけたものと,外項どうしをかけたものが等しくなるので,この式がいき

なり出てくるという．坂下さんには，このことを覚えるよりも順序だてて計算した方が安心だ．

これを整理すると
$$x^2 - x - 1 = 0$$
という2次方程式になる．ここまでくれば，後は解の公式を使えばよい．坂下さんは解の公式を思い出して代入した．すると

$$x = \frac{-b \pm \sqrt{b^2 - 4ac}}{2a} = \frac{1 \pm \sqrt{5}}{2}$$

となる．ただし，比が負になることはないので黄金比は

$$x = \frac{1 + \sqrt{5}}{2}$$

と与えられる．

ここで，坂下さんは少し変に思った．黄金比といいながら，結局，無理数を含んでいる．この値は

$$x = 1.618\,034\cdots\cdots$$

となる．少し中途半端な値にしかみえない．

賀臼さんに計算結果をみせると
　　「それでいいんだ」
といった．やはり，自分の計算はまちがっていなかった．
　　「黄金比はいろいろなところに使われている．身近なところでは，坂下，お前が持っている名刺の縦横の比は黄金比になっている」
　思わず，坂下さんは自分の名刺を取り出して，しげしげと眺め

第12章 黄金比と2次方程式

た.
　「実は,黄金比には面白い性質がある.それをみてみよう」
そういって賀臼さんは,つぎの式を書いた.

$$x = 1 + \frac{1}{x}$$

　「黄金比が,この関係式を満足するのはわかるな」
と賀臼さんは,坂下さんに聞いた.そこで,坂下さんは少し考え
て先ほどの式を変形してみることにした.

$$x^2 - x - 1 = 0 \qquad x^2 = x + 1$$

両辺を x でわると

$$x = 1 + \frac{1}{x}$$

となり、この関係式を導き出せた
　「次に、この式の右辺の x に $x = 1 + \frac{1}{x}$ を代入してみると

$$x = 1 + \cfrac{1}{1 + \cfrac{1}{x}}$$

　という式が新たにできる.これを連分数という」

と賀臼さんはいった．連分数とは聞いたことがない．
「へんな式だな」
と坂下さんは内心思った．賀臼さんは，
「これを繰り返すとどうなる」
と坂下さんに質問した．それは簡単だ．

$$x = 1 + \cfrac{1}{1 + \cfrac{1}{1 + \cfrac{1}{x}}}$$

となる．ちょっと不恰好だが，素直に代入すればこうなる．
賀臼さんは
「結局，これを延々と繰り返すことになる」
といった．

坂下さんはびっくりした．これも無限だ．連分数が無限に続いていく．つまり黄金比は

$$x = 1 + \cfrac{1}{1 + \cfrac{1}{1 + \cfrac{1}{x \cdots}}}$$

という無限の連分数になるのだ．
次に，賀臼さんは $x^2 - x - 1 = 0$ を変形して，つぎの関係式を導いた．

$$x = \sqrt{1 + x}$$

第 12 章　黄金比と 2 次方程式

坂下さんは，自分でも，この等式が成立することを確認した．すると，賀臼さんは，先ほどの連分数と同じように，変形するように指示した．坂下さんは，同じような変形をしてみた．まず

$$x = \sqrt{1+\sqrt{1+x}}$$

となる．同様にして

$$x = \sqrt{1+\sqrt{1+\sqrt{1+x}}}$$

となる．そして，はっと気づいた．これも無限に続くことになる．つまり

$$x = \sqrt{1+\sqrt{1+\sqrt{1+\sqrt{1+\sqrt{1+\ldots}}}}}$$

となるのか．確かに黄金比は不思議だ．でも何かかっこいい．

*** 〚**コラム　"黄金比の描き方"**〛 ********************

　まず正方形を描く．その一辺の中点から，その辺の上にない頂点に線を引く．その線を半径として円を引き，辺の延長が円と交わる点まで線を延ばして長方形を作ると，そのたてと横の比が黄金比となる．

《証明》
　正方形の一辺を 1 とすると，円の半径は辺が 1/2 と 1 の直角三角形の斜辺であるので，その長さは

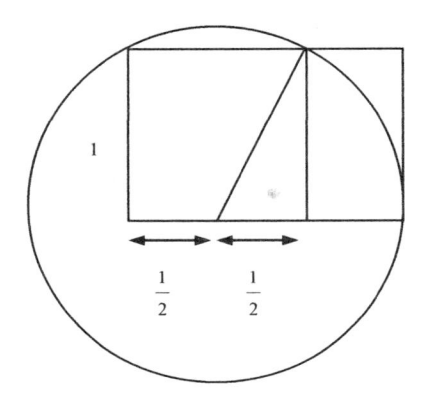

$$\sqrt{\left(\frac{1}{2}\right)^2 + 1^2} = \sqrt{\frac{5}{4}} = \frac{\sqrt{5}}{2}$$

となる.

よって長方形の横の長さは

$$\frac{1}{2} + \frac{\sqrt{5}}{2} = \frac{1+\sqrt{5}}{2}$$

となって確かに黄金比となる.

✻✻✻✻✻✻✻✻✻✻✻✻✻✻✻✻✻✻✻✻✻✻✻✻✻✻✻✻✻✻✻✻✻✻✻✻✻

🌿賀臼さんの数学英語講座🌿

黄金比	golden ratio
連分数	continued fraction

第13章　数列

　坂下さんはショックを受けていた．賀臼さんが東南アジアに出張することになったのだ．今回は長期の出張になるという．数嫌物産では，日本国内の提携工場が数学を使わなくなったので，不良品を大量に出している．これではたまらないと，東南アジアの工場に製品を発注するようになった．

　しかし，現地との折衝には数学の知識が必要となる．会社の幹部は数学がわからないので，現地のひとと話ができない．唯一，賀臼さんだけが頼りになる．だから，海外出張は賀臼さんにまわってくる．

　　「しばらく数学の講義は中断する．だからといってさぼって
　　はいけない」

と賀臼さんはいった．どんなに立派な数学者でも，長期間離れていると勘をなくすというのだ．数学に勘というのも変な気がするが，どうやら，数学に限らず，学問とはそういうものらしい．

　　「おれの出発は1週間後だ．それまでに，坂下が数学を勉強
　　するきっかけになった数列の和つまり級数をやっておこ
　　う」

と賀臼さんはいった．坂下さんは，2円からはじまったのに，2週間たらずで60000円も払わされたことを思い出した．

　　「今日はまず数列からはじめる」

「すうれつ？」

坂下さんには何のことかわからない．数の列と書くらしい．英語では"number sequence"あるいは，単に"sequence"というようだ．そういえば，賀臼さんのいった級数という言葉も知らないが．

坂下さんは，シーケンスならば聞いたことがあるが，列という意味などあったろうかといぶかった．賀臼さんは紙にさらさらっと数字を書いた．

$$1, 2, 3, 4, 5, 6, 7, 8, ...$$

「これが数列だ」
そういわれても，坂下さんには，ただ自然数が並んでいるにしかみえない．
　　「それでは，これはどうだ」

$$1, 3, 5, 7, 9, 11, 13, ...$$

坂下さんは少し考えた．そして気づいた．これは奇数の列だ．
　　「数列というのは，ある規則にしたがって並んでいる数のことなんだ」
と賀臼さんはいった．いまの場合の規則を書くと $2n-1$ となるらしい．この n のところに $1, 2, 3, ...$ を代入すれば，この数列ができる．これを一般項と呼ぶようだ．

坂下さんは思った．とすると，最初の数列の一般項は n なのであろうか．おそるおそる賀臼さんに聞いてみると，
　　「それでいいんだ」
といってくれた．
　　「講釈よりも実践だ．実際の数列をみてみよう」

第13章　数列

そういうと，賀臼さんはつぎの問題を出した．

例題 13-1　つぎの数列の一般項を求めよ．

2, 5, 8, 11, 14, 17, 20, 23, 26, 29, 32, ...

坂下さんは，数列をじっくり眺めた．そういえば，クイズで似たような問題を見たことがある．たいていは，何番目かが□になっていて，そこに数字を入れよという問題だった気がする．

しばらくして坂下さんは気づいた．この数列は，後ろの数字が前の数字よりも3だけ多いものが並んでいる．例えば，5=2+3だし，20=17+3となっている．しかし，このことに気づいても一般項はわからない．

賀臼さんは，気づいたことをとにかく書いてみろと指示した．数学は，頭の中で考えるのも大事だが，手を動かすのも大事なようだ．坂下さんは，気づいたことをとにかく書き出した．

2, 2+3, 5+3, 8+3, ...

そして，ふと，気づいた．これよりも，もっと賢いやり方がある．

2, 2+3, 2+3+3, 2+3+3+3, 2+3+3+3+3, 2+3+3+3+3+3, ...

これならば，何とか規則性を見つけられそうだ．賀臼さんをちらっとみると，うなずいている．これでいいのだ．3の足し算を掛け算に変えてみる．すると

2, 2+3, 2+3×2, 2+3×3, 2+3×4, 2+3×5, ...

となる．ここでまでくれば坂下さんでもわかる．一般項は

$$2 + n \times 3$$

だ．ところが，賀臼さんは不正解という．どこに間違いがあるのであろうか．

「それじゃ，この式に $n=1$ を代入してみたらどうなる」
坂下さんは指示に従った

$$2 + n \times 3 = 2 + 1 \times 3 = 5$$

となって5となる．ここで，坂下さんは気づいた．あれ，最初の項は2のはずなのに，これではおかしい．どうしたらいいのだろうか．そして気づいた．

$$2 + (n-1) \times 3$$

とすればいいのだ．

賀臼さんは，一般項をつくるときには，必ず，具体的な数値を代入して確認するようにと注意した．

いまの数列のように，後ろの数字が前の数字よりも決まった数だけ多い数列を等差数列と呼ぶらしい．すべての項の差が等しい数列という意味だ．ところで，英語では等差数列を"arithmetic sequence"というらしい．"arithmetic"というのは，算数のことらしい．

「数学は"mathematics"であるが，小学校で習う算数は"arithmetic"という」

と賀臼さんは教えてくれた．日本では，算術数列と訳すこともあるらしい．算術という言葉は，何か忍者の技のように聞こえる．

第13章 数列

どうも，足し算で成り立っている数列なので，こう呼ばれるようだ．

「それでは，等差数列の一般式を考えてみよう」

そういって，賀臼さんは，つぎの数列を書いた．

$$a,\ a+d,\ a+2d,\ a+3d,\ a+4d,\ a+5d,\ \ldots\ldots$$

坂下さんは，こういう文字がたくさんならんだ式は得意ではない．a とか d という変数の意味もわからない．しかし，最近，賀臼さんに数学を習うようになってから，坂下さんはあきらめないということを覚えた．そして，数列をじっくり眺めてみた．最初の項は a となっている．つぎの項は $a+d$ なので，前の項の a よりも d だけ大きい数字となる．

そのつぎの項は $a+2d$ なので，その前の項の $a+d$ よりも d だけ大きい．ここまできて坂下さんは気づいた．自分は，この文字の羅列にたじろいでいたが，ひとつひとつ項を取り出して吟味してみると，そんなに難しくない．先ほどの数列と対応させると $a=2$, $d=3$ となる．賀臼さんのいうとおり，この数列のかたちにしておけば，どんな等差数列にも対応できる．

賀臼さんは，さらに n を使って，この数列の一般項を考えろと指示した．これは，坂下さんには難しくない．先ほどの数列で一度やっている．一般項は

$$a+(n-1)\times d$$

となる．賀臼さんは，

「これで正解だが，×を省略して

$$a+(n-1)d$$

と書くのが一般的だ」
といった．ここで，a のことを初項，d のことを公差と呼ぶようだ．このネーミングは，坂下さんにも何となくわかる．a は先頭にくる最初の項だから，初項．d は等差数列において，あらゆる項に共通した差，つまり公（おおやけ）の差ということになる．英語では，a は"first term"，d は"common difference"というらしい．もともと d という文字も，差という英語の"difference"の頭文字をとったもののようだ．

　賀臼さんは，数列の基本形には，もう一種類あるといって，つぎの問題を出した．

例題 13-2 つぎの数列の一般項を求めよ．

2, 4, 8, 16, 32, 64, 128, 256, 512, 1024, 2048, ...

　まず，坂下さんは，この数列が等差数列ではないことを確かめた．とすると，ほかにどんな規則があるのだろうか．数字は，どんどん大きくなっている．しばらくして，坂下さん気づいた．

　「そうか．これは自分が，借金のかたに賀臼さんに日ごと払っていった金額と同じものだ」

　「この規則性は何だと思う？」
と賀臼さんは聞いた．

　これは，倍々と大きくなっていく数字だ．だけど，どうすれば規則性を見つけられるのだろうか．4 は 2×2 で，つぎの 8 は 4×

2 となる．そして 16 は 8×2 だ．
　すると賀臼さんは

$$2, 2^2, 2^3, 2^4, 2^5, 2^6, 2^7, 2^8, 2^9, 2^{10}, 2^{11}, \ldots$$

という数列を書いた．そうか，累乗を使えばいいんだ．とすると一般項は 2^n となる．
　「それでは，つぎの数列はどうだ」
といって，つぎの問題を出した．

例題 13-3　つぎの数列の一般項を求めよ．

$$4, 12, 36, 108, 324, \ldots$$

　この数列も，急に数字が大きくなっている．まず，最初の数字は 4 で，つぎの数字は 12 となっている．ここで，坂下さんは 4×3=12 という数式を思い浮かべた．そして，つぎの数字 36 を見た．そして気づいた．12×3=36 だ．これが規則だろうか．つぎは 36×3=108 となる．
　「そうか，この数列は，数字が 3 倍 3 倍となっていくんだ」
しかし，最初の数字が 4 だから，前のように 3^n とは書けない．ここで，坂下さんは基本に戻るということを思い出した．前にやったやり方で，もう一度数列を書き換えてみよう．

$$4, 4\times 3, 12\times 3, 36\times 3, 108\times 3, \ldots$$

ここで，坂下さんは気づいた．この数列はつぎのようになる．

$$4,\ 4\times3,\ 4\times3\times3,\ 4\times3\times3\times3,\ 4\times3\times3\times3\times3,\ \ldots..$$

累乗を使えば
$$4,\ 4\times3,\ 4\times3^2,\ 4\times3^3,\ 4\times3^4,\ \ldots..$$
となる.

だから一般項は
$$4\times3^n$$

となる.こう書いてから,坂下さんは等差数列での失敗を思い出した.この式の n に 1 を代入すると, $4\times3=12$ となってしまい,初項にならない.

とすると,一般項は
$$4\times3^{n-1}$$

ということになる.賀臼さんは

　「坂下にしては上出来だ」

と誉めてくれた.しかし,坂下さんは,ここでふと疑問に思った.

この式に, $n=1$ を代入すると

$$4\times3^{n-1}=4\times3^0$$

という式になる.3 の 2 乗は 3 を 2 回かけるということなので $3\times3=9$ となる.3 の 1 乗は 3 を 1 回かけるということなので 3 となる.けれど,3 の 0 乗とはどういう計算になるのだろうか.

賀臼さんは

　「いいところに気づいたな.実は,0 乗ということを頭の中で考えると難しい.こういう場合,数学では矛盾がないように決めるんだ」

そして

第13章 数列

「$3^0 = 1$」
と賀臼さんはいった.そして

$$3^4 \div 3^2$$

という計算をするよう指示した.
　坂下さんは,つぎのような計算をした.

$$3^4 \div 3^2 = 81 \div 9 = 9$$

賀臼さんは,累乗のかたちになっている数字の割り算は,累乗の部分の引き算になると教えてくれた.つまり

$$3^4 \div 3^2 = 3^{4-2} = 3^2 = 9$$

となる.坂下さんは,つぎのような変形をしてみた.

$$3^4 \div 3^2 = \frac{3 \times 3 \times 3 \times 3}{3 \times 3} = 3 \times 3 = 9$$

こうすれば,よりはっきりする.そして,いろいろな累乗計算をしてみて,この関係が実際に成り立つことを確認した.すると,賀臼さんは,つぎの問題を出した.

$$3^4 \div 3^4$$

これは,累乗の計算をするまでもなく,同じものを同じもので割っているので,答えは1だ.つまり $3^4 \div 3^4 = 1$ となる.
　すると,賀臼さんは,累乗の部分の計算をしてみろと指示した.

$$3^4 \div 3^4 = 3^{4-4} = 3^0$$

ここで，坂下さんは納得した．こう考えると，どんな数字の場合でも

$$a^0 = 1$$

となる．ただし，a が 0 の場合は除くことになるが．

さて，数列において，一定の比で倍々となっていくものを等比数列と呼ぶらしい．英語では"geometric sequence"となる．"geometry"は幾何という意味なので，日本語で幾何数列ということもあるようだ．幾何とは図形を扱う数学の学問のことで，線の長さを a とすると，正方形の面積は a^2，立方体の体積は a^3 のように累乗で増えていくので，こう呼ぶらしい．

「それでは，等比数列の一般式を求めてみよう」
と賀臼さんはいってつぎの式を書いた．

$$a, ar, ar^2, ar^3, ar^4, ar^5, \ldots$$

坂下さんは，この数列は初項が a で r 倍していく数列のことだと気づいた．とすると，一般項は

$$ar^{n-1}$$

となる．これが等比数列の一般式だ．ここで r のことを，専門用語で公比と呼ぶらしい．英語では"common ratio"という．r はもともと英語の比に相当する"ratio"の頭文字からとったものだという．

賀臼さんによれば，この等差数列と等比数列が数列の基本形だという．基本形ということは，他にもいろいろな種類があるとい

第 13 章 数列

うことだ.少し考えてみれば,確かにそうだ.差が等しい数列と,比が等しい数列というのは単純すぎる.

例えばといって賀臼さんはつぎの数列を紙に書いた.

$$1, \frac{1}{2}, \frac{1}{3}, \frac{1}{4}, \frac{1}{5}, \frac{1}{6}, \frac{1}{7}, \frac{1}{8}, \cdots$$

「どんな規則で並んでいるかわかるか?」

坂下さんは,この分数からなる数列をしばらく眺めてみた.すると分母が自然数でひとつずつ増えていっていることに気づいた.ところが,最初の数だけが 1 で分数となっていない.でもすぐに

$$1 = \frac{1}{1}$$

ということに気づいた.すると,この数列の一般項は $1/n$ となる.そう答えると

「坂下もなかなかのものじゃないか」

賀臼さんはほめてくれた.

そして,つぎの問題を出した.

例題 13-4 つぎの数列の一般項を求めよ.

$$1, \frac{3}{2}, \frac{5}{3}, \frac{7}{4}, \frac{9}{5}, \frac{11}{6}, \frac{13}{7}, \frac{15}{8}, \cdots$$

坂下さんは,これは手ごわいぞと思った.複雑な数列だ.しかし,じっくり眺めているうちに,規則性に気づいた.分子は奇数

で，分母は自然数となっている．それならば一般項は

$$\frac{2n-1}{n}$$

ということになる．

賀臼さんは
　「今日はここまでにしよう」
といった．坂下さんは，何か物足りなかったが，もっと続けようとはいわなかった．賀臼さんに頼らず，自分でも勉強してみる．そう心に決めていた．もうすぐ，賀臼さんはいなくなるのだ．

○本日の宿題

《宿題 13-1》　つぎの数列の一般項を求めよ．

① 　5, 10, 15, 20, 25, 30, ...
② 　1, 3, 9, 27, 81, 243, ...
③ 　6, 7, 9, 13, 21, 37, ...
④ 　3, 5, 11, 29, 83, ...

《宿題 13-2》　つぎの数列の一般項を求め，10 項目の値を求めよ．

$$0, \frac{1}{2}, \frac{2}{3}, \frac{3}{4}, \frac{4}{5}, \ldots$$

《宿題 13-3》　つぎの数列の一般項を求め，8 項目の値を求めよ．

$$-1, \frac{3}{2}, -\frac{5}{3}, \frac{7}{4}, -\frac{9}{5}, \ldots$$

第 13 章　数列

📝 坂下さんの宿題の解答

《宿題 13-1》

①　すべての隣り合う 2 項の差が 5 となっているので等差数列だ．そのうえで，初項が 5 であるので一般項は

$$a_n = 5 + 5(n-1)$$

となる．

坂下さんは気づいた．この式は，さらに簡単化できる．

$$a_n = 5 + 5(n-1) = 5 + 5n - 5 = 5n$$

すると，一般式は $a_n = 5n$ と簡単になる．よく見れば，この数列は 5 の倍数だから，等差数列などということを考えるまでもなく，一般式はすぐに出てくる．

②　初項が 1 で公比が 3 の等比数列である．よって一般項は

$$a_n = 1 \cdot 3^{n-1} = 3^{n-1}$$

となる．

③　これは少しやっかいだなと坂下さんは思った．単純な等差数列や等比数列ではない．なんとか規則性がないか調べてみよう．まず，初項との差をとってみよう．

$$6, \ 7, \ 9, \ 13, \ 21, \ 37...$$

すると

$$6, \ 6+1, \ 6+3, \ 6+7, \ 6+15, \ 6+31$$

となる．差は

$$1, \quad 3, \quad 7, \quad 15, \quad 31\ldots$$

となって規則性はない．少し考えて，坂下さんは気づいた．この数列に 1 を足せば

$$2, \quad 4, \quad 8, \quad 16, \quad 32$$

となって，初項 2，公比 2 の等比数列になる．そして，数列をつぎのように書き換えた．

$$5+1, \quad 5+2, \quad 5+4, \quad 5+8, \quad 5+16, \quad 5+32$$

こうなれば，簡単だ．5 に，初項 1，公比が 2 の等比数列を足したものだ．とすれば一般項は

$$a_n = 5 + 2^{n-1}$$

となる．

④ 前問と同じようにやってみよう．

$$3, \quad 5, \quad 11, \quad 29, \quad 83, \ldots$$

を書き換えると

$$3, \quad 3+2, \quad 3+8, \quad 3+26, \quad 3+80$$

差は

$$2, \quad 8, \quad 26, \quad 80$$

となって規則性はない．ただし，この数列に 1 を足せば

$$3, \quad 9, \quad 27, \quad 81$$

第13章　数列

となって初項3，公比3の等比数列になる．つまり，数列は

$$2+1, \quad 2+3, \quad 2+9, \quad 2+27, \quad 2+81$$

となり，一般項は

$$a_n = 2 + 3^{n-1}$$

となる．

《宿題 13-2》

この数列は初項は0であるが，つぎの項からは分子が1, 2, 3, 4... 分母が2, 3, 4, 5　と自然数が1つずつ増えていっている．そこで，坂下さんはあることに気づいた．この数列は

$$\frac{0}{1}, \frac{1}{2}, \frac{2}{3}, \frac{3}{4}, \frac{4}{5}, \cdots\cdots$$

と書くこともできる．こうなれば，答えは簡単だ．分子の一般項は

$$n-1$$

分母の一般項は n となから，この数列の一般項は

$$a_n = \frac{n-1}{n}$$

となる．

10項目は，この一般式に $n = 10$ を代入すればよいので

$$a_{10} = \frac{10-1}{10} = \frac{9}{10}$$

となる．

《宿題 13-3》

まず,各項は$-, +, -, +$と交互に来ているので,この符号は

$$(-1)^n$$

とあらわされる.つぎに数字の部分は

$$\frac{1}{1}, \frac{3}{2}, \frac{5}{3}, \frac{7}{4}, \frac{9}{5}, \cdots$$

となり,分子は奇数であり,分母は自然数となっている.よって,分子の一般項は$2n-1$となり,分母の一般項はnとなる.したがって,この数列の一般項は

$$a_n = (-1)^n \frac{2n-1}{n}$$

となる.

8項目は,この一般式に$n=8$を代入すればよいので

$$a_8 = (-1)^8 \frac{2 \cdot 8 - 1}{8} = \frac{15}{8}$$

と与えられる.

第13章　数列

賀臼さんの英語講座

数列	number sequence
等差数列	arithmetic sequence
一般項	general term
初項	first term
公差	common difference
等比数列	geometric sequence
数学	mathematics
算数	arithmetic

第 14 章 数列の和

　もうすぐ賀臼さんは長期出張の旅に出る．坂下さんは少し不安になっている．せっかくここまで数学の勉強をしてきたのに，賀臼さんがいなくなると，自分はだめになってしまわないだろうか．賀臼さんは，そんな坂下さんの不安に気づかないように
　　「今日で，数列の和を卒業しよう」
　そういって，つぎの問題を出した．

例題 14-1　つぎの数列の和を求めよ．

$$1, 2, 3, 4, 5, 6, 7, 8, 9$$

　数列の和とは

$$1+2+3+4+5+6+7+8+9$$

という和を求めることだ．坂下さんは地道に計算して 45 という答えをえた．
　賀臼さんは，つぎのような式を書いた．

第 14 章 数列の和

$$1+2+3+4+5+6+7+8+9$$
$$9+8+7+6+5+4+3+2+1$$

2列目の和は，数字の順序を逆にしただけなので，求める和と同じものだ．賀臼さんは対応する項を上下で足すといくつになるかと聞いた．それは，簡単だ．すべての和は 10 だ．そうか，そうすると

$$10+10+10+10+10+10+10+10+10$$

という和になる．10 の数は 9 個だから，この和は 90 だ．ただし，これは求めたい和の 2 倍だから，答えは $90 \div 2 = 45$ となって 45 となる．

　「それなら，つぎはどうなる」

例題 14-2 1 から 100 までの和を求めよ．

　坂下さんは，いまの問題と同じ要領でやればいいのだと思った．まず，求めたい和は

$$1+2+3+4+.....+97+98+99+100$$

である．
　この順序を逆にして足せばいい．

$$\begin{array}{r} 1+2+3+4+.....+97+98+99+100 \\ +)\ 100+99+98+97+.....+\ 4+3+2+1 \\ \hline 101+101+......................+101 \end{array}$$

すると，各項は 101 となる．この項は全部で，100 個ということ

になる．よって，和は

$$101 \times 100 = 10100$$

となる．ただし，これは求める和の 2 倍であるから，答えは

$$10100 \div 2 = 5050$$

となる．

　「それじゃ，1 から n までの和を求める一般式を求めてみよう」

と賀臼さんはいった．坂下さんはやり方は同じだと思った．まず，求めたい和は

$$1 + 2 + 3 + \ldots + n-2 + n-1 + n$$

と書くことができる．この順序を逆にした和を書いて，ふたつの式を足す．

$$\begin{array}{r} 1 + 2 + 3 + \ldots + n-2 + n-1 + n \\ +)\ n + n-1 + n-2 + \ldots + 3 + 2 + 1 \\ \hline n+1 + n+1 + \ldots\ldots\ldots\ldots\ldots\ldots + n+1 + n+1 \end{array}$$

すると，各項は $n+1$ となる．項の数は n だから，その和は

$$(n+1) \times n$$

となる．ただし，これは求めたい和の 2 倍だから，結局，求める和は

$$\frac{n(n+1)}{2}$$

ということになる．

第 14 章　数列の和

「それじゃ，等差数列の和を求める公式をつくってみよう」と賀臼さんはいった．

坂下さんは，まず等差数列を第 5 項まで書いてみた．

$$a,\ a+d,\ a+2d,\ a+3d,\ a+4d$$

これらを全部足し合わせた和を求めるのが，今回の作業だ．まず，すべての項に初項の a が含まれている．その数は全部で 5 個なので，その和は $5a$ となる．つぎは，残りの部分の和を求めることだ．その部分は

$$0,\ d,\ 2d,\ 3d,\ 4d$$

である．よって，その和は

$$d+2d+3d+4d$$

となる．

ここで坂下さんは考えた．すべての項に d がある．これを括りだしてやろう．すると

$$d(1+2+3+4)$$

となる．おやっと坂下さんは思った．( ) の中は 1 から 4 までの和となっている．そこで，和の公式を使うと

$$1+2+3+4=\frac{4\cdot 5}{2}=10$$

となる．とすると，いまの等差数列の和は

$$5a+10d$$

となる．これを一般の場合に拡張すればいいのだ．

そこで，坂下さんは，少し煩雑とは思ったが，等差数列を第 n 項まで書いてみた．

$$a, a+d, a+2d, a+3d, \ldots, a+(n-2)d, a+(n-1)d$$

これらを全部足し合わせた和を求めるのが，今回の作業だ．まず，すべての項に初項の a が含まれている．その数は全部で n 個なので，その和は na となる．つぎは，残りの部分の和を求めることだ．その部分は

$$d, 2d, 3d, \ldots, (n-2)d, (n-1)d$$

である．よって，その和は

$$d + 2d + 3d + \ldots + (n-2)d + (n-1)d$$

となる．

ここで坂下さんは考えた．すべての項に d がある．これを括りだしてやろう．すると

$$d\{1 + 2 + 3 + \ldots + (n-2) + (n-1)\}$$

となる．おやっと坂下さんは思った．{}の中は 1 から $n-1$ までの和となっている．これならば，先ほどの公式が使える．

$$1 + 2 + 3 + \ldots + (n-2) + (n-1) = \frac{n(n-1)}{2}$$

だ．とすると，等差数列の和は

第 14 章 数列の和

$$na + \frac{n(n-1)}{2}d$$

となる．これが初項が a で，公差が d の等差数列の第 n 項までの和だ．予想したより少し複雑だが，賀臼さんはこれでいいといってくれた．

　「じゃ，この勢いで等比数列の和も求めてみよう」
と賀臼さんはいった．

　何か今日は盛りだくさんな気がするが，賀臼さんはもうすぐいなくなる．それに，坂下さんには数学の計算が苦にならなくなっていた．さっそく，坂下さんはノートに，等比数列の第 n 項までを書き出した．

$$a, ar, ar^2, ar^3, ar^4, ar^5, ..., ar^{n-1}$$

この和を求めるのであるから

$$a + ar + ar^2 + ar^3 + ar^4 + ar^5 + ... + ar^{n-1}$$

となる．

　坂下さんは，しばらく考えてみたが，いいアイデアが浮かばない．すると賀臼さんはつぎのような式を書いた．

$$S = a + ar + ar^2 + ar^3 + ... + ar^{n-1}$$
$$rS = ar + ar^2 + ar^3 + ... + ar^{n-1} + ar^n$$

最初の式は，数列の和を S と置いたものだ．2 番目の式は，それに公比の r をかけたものだ．これに，どんな意味があるだろうか．

　しばらくして，坂下さんは気づいた．そうか，こうすると，ほ

とんどの項は一致する．だったら，引き算すればいいのだ．そして上の式から下の式を引いてみた．すると

$$S - rS = a - ar^n$$

となる．とすると

$$S(1-r) = a(1-r^n)$$

と変形できるから，結局，求める和は

$$S = \frac{a(1-r^n)}{1-r}$$

となる．これが等比数列の和だ．

○本日の宿題

《宿題 14-1》 つぎの数列の n 項までの和を求めよ．

① 5, 10, 15, 20, 25, 30, ...
② 1, 3, 9, 27, 81, 243, ...
③ 5, 7, 11, 19, 35, 67, 131, ...
④ 1, 4, 9, 16, 25, 36, 49, 64, ...

✐坂下さんの宿題の解答

《宿題 14-1》
① 初項が 5 で，公差が 5 の等差数列である．よって，その和

第 14 章 数列の和

は

$$S = na + \frac{n(n-1)}{2}d = n \cdot 5 + \frac{n(n-1)}{2}5$$

となる.

これをもう少し変形すると

$$S = 5n + \frac{5(n^2 - n)}{2} = \frac{5}{2}(n^2 + n)$$

となる.

② 初項 1,公比 3 の等比数列であるから,

$$S = \frac{a(1 - r^n)}{1 - r} = \frac{1 - 3^n}{1 - 3} = \frac{3^n - 1}{2}$$

③ 隣り合う 2 項の差をとると

5, 　7, 　11, 　19, 　35, 　67, 　131, ...
　 2 　　 4 　　 8 　　 16,...

各項の差が,初項 2,公比 2 の等比数列であるから,一般項は

$$a_n = 5 + \frac{2(1 - 2^{n-1})}{1 - 2} = 5 - 2(1 - 2^{n-1}) = 3 + 2^n$$

となる.よって和は

$$S_n = 3n + \frac{2(1-2^n)}{1-2} = 3n - 2 + 2^{n+1}$$

④ ③と同様に2項の差をとってみる．

$$1, \quad 4, \quad 9, \quad 16, \quad 25, \quad 36, \quad 49, \quad 64, \ldots$$
$$\ 3 \quad\ \ 5 \quad\ \ 7 \quad\ \ 9 \quad\ 11 \quad\ 13, \ldots$$

各項の差を新たな数列とみなすと，初項3，公差2の等差数列となっていることがわかる．よって，各項の差の一般項は

$$b_n = 3 + (n-1) \cdot 2 = 1 + 2n$$

となる．この式が正しいかどうか確かめてみよう．n に自然数を代入すると，確かに 3, 5, 7, 9... となる．ここで，坂下さんは気づいた．

「これは奇数の一般式と同じかたちをしている」

さて，問題は，この結果からもとの数列の一般項を求めることだ．どうすればいいだろう．

もとの数列は，1に3を足し，つぎの項には1に3と5を足している．つまり，b_n を使うと

$$a_1 = 1 \quad a_2 = 1 + b_1 \quad a_3 = 1 + b_1 + b_2$$

と書ける．つまり，一般項は

$$a_n = 1 + b_1 + b_2 + \ldots + b_{n-1}$$

となる．

したがって

$$b_1 + b_2 + \ldots + b_{n-1}$$

第14章 数列の和

という和を求めればよいことになる．

ただし，坂下さんは $n-1$ というのが気にいらなかった．そこで，まず最初に

$$b_1 + b_2 + ... + b_n$$

という和を考えることにした．

「急がばまわれ」だ．

$$b_n = 1 + 2n$$

だから

$$b_1 + b_2 + ... + b_n = (1+2) + (1+4) + ...(1+2n)$$
$$= \underbrace{1+1+1+...+1}_{n} + 2\times(1+2+3+...+n)$$

最初の 1 は n 個足せば n となる．問題は $2n$ の和であるが，こちらは自然数の和を 2 倍すればよい．とすると

$$b_1 + b_2 + ... + b_n = n + \frac{n(n+1)}{2} \times 2 = n^2 + 2n$$

となる．これで n 項までの和を求めることができた．

ただし，求めたい和は $n-1$ 項までだ．坂下さんは，しばらく考えてから，この式の n のところに $n-1$ を代入すればよいことに気づいた．すると

$$b_1 + b_2 + ... + b_{n-1} = n^2 - 1$$

となる．結局，一般項は

$$a_n = 1 + (n^2 - 1) = n^2$$

となる．ここで坂下さんは，あれっと思った．
　　「なんだ，一般項は自然数の2乗じゃないか」
確かに，n に自然数を代入すれば，1, 4, 9, 16, 25, 36... となって，もとの数列になる．
　　「最初から，それに気づいていれば，こんな苦労をすること
　　　はなかったのに」
なにか坂下さんは拍子抜けした．
　　「賀臼さんはきっと笑うだろうな」
　一般項が分かったので，さっそく，その和を求めてみよう．ところが，つぎのステップで坂下さんはつまづいた．いくら考えても，n^2 という数列の和が計算できないのだ．かなりねばったが，坂下さんには，その答えは見つからなかった．しかたなく，坂下さんは「降参」と書いた．

第 15 章 フィボナッチ数列

「降参」と書いた紙をみて,賀臼さんは笑った.ただし,坂下さんが 1, 4, 9, 16,... という数列の一般項が n^2 ということに気づかずに苦労したことを説明すると

> 「一見,ムダに思えることでも地道にことを進めることが数学ではとても大事なんだ.坂下のやったことは理にかなった方法だよ」

とほめてくれた.

> 「まあ n^2 という数列の和を求めることは,坂下には無理と思ったがね」

ほめられたと思ったら,すぐにけなされて,坂下さんは少しむっとした.

> 「実は,この和はまともに取り組んでも,答えを出すことはなかなか難しいんだ」

こういうと,つぎの式を書いた.

$$(k+1)^3 - (k-1)^3 = 6k^2 + 2$$

坂下さんは実際に計算して,この式が成立することを確かめた.

$$(k+1)^3 = k^3 + 3k^2 + 3k + 1$$

$$(k-1)^3 = k^3 - 3k^2 + 3k - 1$$

であるので,確かに上の式から下の式を引けば

$$6k^2 + 2$$

となる.

しかし,どうして,こんな式が出てくるのだろう.賀臼さんは

「この式を利用すると,n^2 の和がうまく計算できる」

そういうと,つぎのような式を書いていった.

$$(1+1)^3 - (1-1)^3 = 6 \cdot 1^2 + 2$$
$$(2+1)^3 - (2-1)^3 = 6 \cdot 2^2 + 2$$
$$(3+1)^3 - (3-1)^3 = 6 \cdot 3^2 + 2$$
$$....$$
$$(n+1)^3 - (n-1)^3 = 6 \cdot n^2 + 2$$

これは,k に 1, 2, 3...n と自然数を代入したものだ.

「両辺を足してごらん」

坂下さんは言われたとおり両辺を足してみた.すると

$$\left[(1+1)^3 - (1-1)^3\right] + \left[(2+1)^3 - (2-1)^3\right] + ...$$
$$+ \left[n^3 - (n-2)^3\right] + \left[(n+1)^3 - (n-1)^3\right]$$
$$= (6 \cdot 1^2 + 2) + (6 \cdot 2^2 + 2) + ... + (6 \cdot n^2 + 2)$$

となる.この式の左辺は

$$(2^3 - 0^3) + (3^3 - 1^3) + (4^3 - 2^3) + (5^3 - 3^3) + ...$$

第15章　フィボナッチ数列

$$+\left[(n-1)^3-(n-3)^3\right]+\left[n^3-(n-2)^3\right]+\left[(n+1)^3-(n-1)^3\right]$$

となり，さらに変形すると

$$2^3+3^3+4^3+5^3+...+(n-1)^3+n^3+(n+1)^3$$
$$-\left[0^3+1^3+2^3+3^3+4^3+...+(n-2)^3+(n-1)^3\right]$$

となる．ここで，坂下さんは気づいた．2^3から$(n-1)^3$までの項は消えてなくなる．残るのは

$$(n+1)^3+n^3-1$$

の項だけだ．これが賀臼さんの式のトリックなのだ．これを計算すると

$$(n+1)^3+n^3-1=n^3+3n^2+3n+1+n^3-1$$
$$=2n^3+3n^2+3n$$

となる．つぎに右辺を見てみる．

$$(6\cdot 1^2+2)+(6\cdot 2^2+2)+...+(6\cdot n^2+2)$$

坂下さんは大事なことに気づいた．

　「右辺にn^2の和が隠れている」

つまり右辺は

$$6\times(1^2+2^2+3^2+...+n^2)+2n$$

と変形できる．ここまでくれば，坂下さんにもわかる．

$$2n^3 + 3n^2 + 3n = 6 \times (1^2 + 2^2 + 3^2 + ... + n^2) + 2n$$

となるから n^2 の和は

$$1^2 + 2^2 + 3^2 + ... + n^2 = \frac{2n^3 + 3n^2 + n}{6}$$

となる．因数分解すると

$$1^2 + 2^2 + 3^2 + ... + n^2 = \frac{n(2n+1)(n+1)}{6}$$

と書くこともできる．これが求める答えだ．

　ふと賀臼さんをみると，なぜかやさしそうな顔をしている．そして
　　「実は，明日，日本を出発することになった」
と言った．
　　「いよいよ明日か」
　賀臼さんがいなくなるとはじめて聞いたとき，坂下さんはとても不安になった．しかし，いまは気持ちが変わった．自分に少し自信がもてるようになったからだ．
　　「なんとか独学で数学を勉強していく」
自分がしっかりしていればいいのだ．賀臼さんは
　　「最後にフィボナッチ数列を勉強しよう」
そういうと，つぎの数列を書いた．

$$1, 1, 2, 3, 5, 8, 13, 21, 34, 55, ...$$

フィボナッチとは聞いたことがない．賀臼さんによると，この数

第15章 フィボナッチ数列

列を研究したひとの名前らしい．

坂下さんは，この数列をしばらく眺めてみた．しかし，どんな規則性があるのか，さっぱり見当がつかない．この数列の初項は1で，第2項も1だ．それがつぎの項は2となり，そのつぎは3となっている．規則性があるとは思えない．坂下さんが悩んでいると賀臼さんはつぎの数式を書いた．

$$a_1 = 1,\ a_2 = 1,\ a_n = a_{n-1} + a_{n-2}$$

これが，フィボナッチ数列の一般式というのだ．

これによると，a_1 は初項で，これは1だ．そして a_2 は第2項で，これも1だ．これはわかる．問題はつぎの式だ．

$$a_n = a_{n-1} + a_{n-2}$$

坂下さんは，この式に $n = 3$ を代入してみた．すると

$$a_3 = a_2 + a_1 = 1 + 1 = 2$$

となり

$$a_4 = a_3 + a_2 = 2 + 1 = 3$$

となる．ここで，坂下さんは気づいた．そうか，これは，前の2項を足したものという意味だ．つまり，フィボナッチ数列とは，最初の2項が1で，あとは，自分の前の2つの項の和をとっていけばいいということになる．

しかし，こんな変な数列にどんな意味があるのだろうかと坂下さんは思った．賀臼さんの意図がわからない．

「実は，この数列は黄金比と関係がある」

と賀臼さんはいった.

「黄金比！」

坂下さんには意味がわからない．どうして，こんな変な数列が，あの美しい長方形を与える黄金比と関係があるのだろう．

賀臼さんは

「フィボナッチ数列の各項を前の項で割ってごらん」

と指示した．坂下さんが指示にしたがった．

$$1, 2, \frac{3}{2}, \frac{5}{3}, \frac{8}{5}, \frac{13}{8}, \frac{21}{13}, \frac{34}{21}, \frac{55}{34} \cdots$$

これを計算すると

1, 2, 1.5, 1.666.., 1.6, 1.625, 1.6153846...,
1.619047..,1.617647...,1.6181818...

となっている．増えたり減ったりしているけれど，ある数字に近づいていくような気がする．

すると賀臼さんは

$$a_n = a_{n-1} + a_{n-2}$$

という式を a_{n-1} で割って

$$\frac{a_n}{a_{n-1}} = 1 + \frac{a_{n-2}}{a_{n-1}}$$

という式をつくった．

n を大きくしていくと，この比が，どんどんある数値に近づいていくらしい．それを x と置いてみろと賀臼さんは指示した．つまり $n \to \infty$ のとき

第15章 フィボナッチ数列

$$\frac{a_n}{a_{n-1}} \to x$$

となる. n が大きいのだから

$$\frac{a_{n-2}}{a_{n-1}} \to \frac{1}{x}$$

となるはずだ. すると, 先ほどの式は

$$x = 1 + \frac{1}{x}$$

となる.

ここで, 坂下さんは気づいた. これは, 黄金比を求めた2次方程式に変形できる. つまり

$$x^2 - x - 1 = 0$$

となる.

これを解くと

$$x = \frac{-(-1) \pm \sqrt{(-1)^2 - 4(-1)}}{2} = \frac{1 \pm \sqrt{5}}{2}$$

となる. ただし, ここでは比を扱っているので, x が負になることはない. とすると

$$x = \frac{1 + \sqrt{5}}{2}$$

が求める答えということになる．

坂下さんは気づいた．これは黄金比だ．フィボナッチ数列の前後2項に近づいていくのだ．

【**コラム** "$S_n = 1^2 + 2^2 + \cdots + n^n$ **の和を求める**"】*********

解法(**1**)

①まず，4項までの和

$$S_4 = 1 + 4 + 9 + 16 \ (n=4)$$

を考えてみよう．n^2 は正方形の面積になるので，玉の数で示すと次図の上段ようになるが，これを並べ替えると下段の三角形になる．

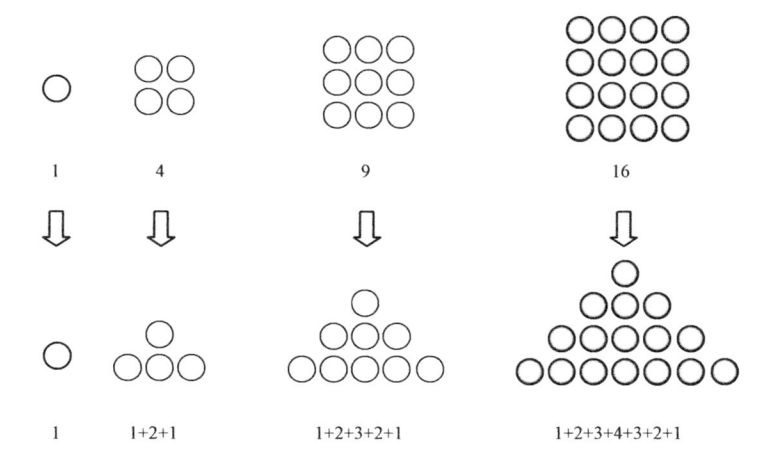

| 1 | 4 | 9 | 16 |

| 1 | 1+2+1 | 1+2+3+2+1 | 1+2+3+4+3+2+1 |

第15章 フィボナッチ数列

②次に右図のように，これらの三角形の中心が同じになるように重ねてみよう．すると，高さが

$$1+2+3+4$$

となる．

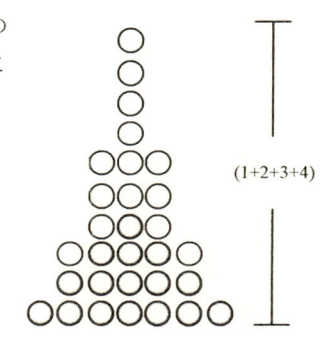

③ここで，注意してみると，実は下図のような長方形をつくることができ，その面積は求める和の3倍となる．

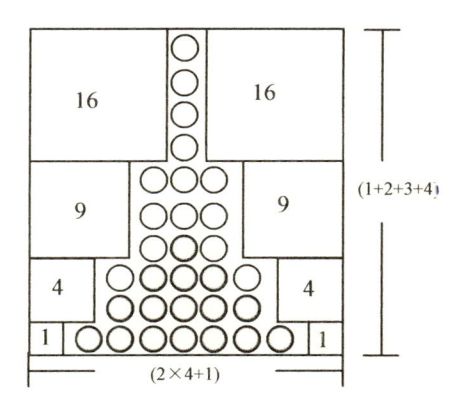

つまり、長方形の面積は

$$3S_4 = (1+2+3+4)(2\times 4+1)$$
$$= 90$$

ゆえに
$$S_4=30$$

となる．

④この考えは n 項の場合にもそのまま適用できるので

$$3S_n = (1+2+3+\cdots+n)(2n+1)$$

よって

$$3S_n = (1+2+3+\cdots+n)(2n+1)$$
$$S_n = \frac{1}{3}\left\{(2n+1)\cdot\frac{(n+1)n}{2}\right\} = \frac{n(2n+1)(n+1)}{6}$$

となる．

この方法は $3S$ 法とも呼ばれている．

解法(2)

3次の展開式

$$(k+1)^3 - k^3 = 3k^2 + 3k + 1$$

を用いる．この式の k に $1, 2, 3, ..., n$ を代入すると

$$2^3 - 1^3 = 3\cdot 1^2 + 3\cdot 1 + 1$$
$$3^3 - 2^3 = 3\cdot 2^2 + 3\cdot 2 + 1$$
$$\cdots\cdots$$
$$n^3 - (n-1)^3 = 3\cdot(n-1)^2 + 3\cdot(n-1) + 1$$
$$(n+1)^3 - n^3 = 3\cdot n^2 + 3\cdot n + 1$$

辺々を足すと

第15章　フィボナッチ数列

$$(n+1)^3 - 1 = 3 \cdot (1^2 + 2^2 + ... + n^2) + 3 \cdot (1 + 2 + ... + n) + n$$
$$= 3 \cdot (1^2 + 2^2 + ... + n^2) + 3 \cdot \frac{n(n+1)}{2} + n$$

したがって

$$1^2 + 2^2 + ... + n^2 = \frac{(n+1)^3 - n - 1}{3} - \frac{n(n+1)}{2}$$

整理すると

$$1^2 + 2^2 + ... + n^2 = \frac{2n^3 + 3n^2 + n}{6} = \frac{n(2n+1)(n+1)}{6}$$

となる.

****

おわりに

　賀臼さんは東南アジアに旅立ってしまった．数嫌物産を立て直すという重要な使命があるようだ．しかし，賀臼さんは，いままで会社ではまったく評価されてこなかった．それが大抜擢である．
　「いったい誰の指示なのだろう」
と坂下さんは不思議に思った．社長だろうか．それは，とても考えられない．
　そして思った．数学が得意な賀臼さんには論理的思考能力がある．きっと，アジア部門を立て直してくれるに違いない．このままでは数嫌物産はつぶれてしまう．
　賀臼さんはひとり娘と奥さんを日本に残して単身赴任するのだという．結婚したことのない坂下さんには家族を持つということが，どういうことなのかわからない．しかし，家族を残していくということには，かなりの覚悟であったのだろう．
　賀臼さんを成田まで見送りにいこうかと思ったが，やめにした．少し，気恥ずかしいこともある．
　「いまの坂下なら独学でやっていけるよ」
と賀臼さんはいってくれた．
　「本当だろうか」
先生がいないと，やはり不安でしょうがない．
　しかし，数学を勉強することはとても大切なことだと気づいた．

賀臼さんは
「数学を勉強している面白いグループがあるぞ．坂下も一度顔を出してみたらどうだ」
とある会合のことを教えてくれた．
「数学のことを否定した現政権に対する一種のレジスタンスなんだよ」
と賀臼さんはいっていた．レジスタンスと聞いただけで，坂下さんは怖い存在と思ってしまう．毎週金曜日の夜8時に，新宿にある「純愛喫茶」という店に，数学好きが集まるのだという．

日本は，政令で高等数学を教えることを禁止した．その後，日本の世界における地位の凋落は悲惨なものであったが，政治家や官僚はまったく気づかない．彼らは金に困っていないから，切実ではないのだ．飢えに苦しみパンを食べることのできない庶民に対し，「パンがないならお菓子を食べればいいでしょう」といい放ったマリーアントワネットと同じである．

数学を放棄した弊害は，まず，日本企業の弱体化と，輸出力の低下というかたちで現れた．しかし，政治家は対米赤字の解消に成功したと逆に喜んだ．

数学嫌いの坂下さんは，最初は日本政府の決定を歓迎していたが，自分の勤めている会社の数嫌物産の業績がおかしくなったり，普段の生活が不便になるにしたがって疑問を持つようになった．
「もしかして，日本は数学を使わなくなったからだめになったのではないだろうか」
そんなとき，数学の得意な同僚の賀臼さんに刺激をうけた．そして，賀臼さんにお願いして数学を勉強しようと思い立った．最初は苦労したが，次第に，その面白さに惹かれていった．それから，思わぬ自分の変化に気づいた．数学を勉強したことで，

おわりに

ものごとを論理的に判断することができるようになったのだ．すると，日本社会が，いかにめちゃくちゃな状態にあるかがわかる．それに，国会議員たちの答弁がいかに非論理的かも．

　いま，坂下さんは会社の上層部にある提言をしようと思っている．

　それは，日本の取引会社を切ったらどうかという提案である．おそらく，却下されるだろう．でも論理的に考えれば，切るのが当然である．

　いままでの自分ならば，決して，こんなばかげたことはしないだろう．でも，何かをしなければ会社はつぶれてしまう．

　それが坂下さんにはわかっていた．

索引

あ行

移項 54
一次方程式 55
一般項 146, 156,
因数分解 56, 65
n^2 の和 174
黄金比 139, 179

か行

解 112
解があるための条件 125
回転 136
解なし 127
解の公式 122
掛け算 19
カルダノ 132
漢数字 21
記数法 21
級数 145
強度 13
極限 32
虚数 130
ギリシャ数字 21
偶数 28
偶素数 23
位取り記数法 21
公差 150
公式 66

合成数 24, 78
公比 16, 154
根号 100

さ行

算術数列 148
自然数 19, 28, 79
四則計算 30
実数 130
斜辺の長さ 109
循環小数 92
小数 21
初項 16, 150
数直線 135
数列 145
数論 28
整数の比 92
整数論 25
0 乗 152
0 の発見 20
素因数分解 24
素因数分解の一意性 25
素数 22

た行

対角線 107
代数 41
足し算 19

たすきがけ法　89
断面積　13
長方形　138
直角三角形　108
つるかめ算　38
定数　65
等差数列　148
等差数列の和　166
等式　43
等比数列　16, 154
等比数列の和　168

な行
2次方程式　64

は行
パーセント　32
パーミル　33
判別式　125
ピタゴラス数　108
ピタゴラスの定理　107, 118
ppb　33
ppm　33
フィボナッチ数列　176
複素数　132
複利　15
負の数　19
普遍性　51
分数　21
平方根　100, 112

変数　52
方程式　42

ま行
密度　44
無限　25
無限大　34
無理数　91, 98

や行
約数　77
約分　95
有理数　94, 98

ら行
量子力学　132
累乗　52, 153
ルート　100
連分数　141
連立方程式　42

わ
割り算　21

著 者:村上 雅人(むらかみ まさと)

　　1955年,岩手県盛岡市生まれ.東京大学工学部金属材料工学科卒,同大学工学系大学院博士課程修了.工学博士.超電導工学研究所第一および第3三研究部長を経て,2003年4月から芝浦工業大学教授.2008年4月から同副学長.
　　1972年米国カリフォルニア州数学コンテスト準グランプリ,World Congress Superconductivity Award of Excellence,日経BP技術賞,岩手日報文化賞ほか多くの賞を受賞
　　著書:『なるほど虚数』『なるほど微積分』『なるほど線形代数』など「なるほど」シリーズを十数冊のほか,『日本人英語で大丈夫』.編著書に『元素を知る事典』(以上海鳴社),『はじめてナットク超伝導』(講談社,ブルーバックス),『高温超伝導の材料科学』(内田老鶴圃),『超伝導新時代』(工業調査会).

＊＊＊＊＊バウンダリー叢書＊＊＊＊＊
さあ数学をはじめよう

2009年9月1日　第1刷発行

発行所　㈱海鳴社　　http://www.kaimeisha.com/
　　〒101-0065　東京都千代田区西神田2-4-6
　　電話(03) 3262-1967,(Fax)3234-3643
　　Eメール:kaimei@d8.dion.ne.jp　振替口座:東京 00190-31709

編　集:村上　雅人
発行人:辻　信行
組　版:小林　忍
印刷・製本:シナノ

JPCA 日本出版著作権協会
http://www.e-jpca.com

　　本書は日本出版著作権協会(JPCA)が委託管理する著作物です.本書の無断複写などは著作権法上での例外を除き禁じられています.複写(コピー)・複製,その他著作物の利用については事前に日本出版著作権協会(電話 03-3812-9424,e-mail:info@e-jpca.com)の許諾を得てください.

出版社コード:1097
ISBN978-4-87525-260-3　　　　　© 2009 in Japan by Kaimei Sha
落丁・乱丁本はお買い上げの書店でお取替えください

―――――――――――海鳴社―――――――――――

村上雅人　　なるほど量子力学　Ⅰ　行列力学入門

　　　　本格的な基礎教程。工学・化学・生物学の学生
　　　　にも必要なこの分野を徹底的に解説。
　　　　　　　　　　　　　　　　　A5判328頁、3000円

　　　　　なるほど量子力学　Ⅱ　波動力学入門

　　　　シュレーディンガー方程式から水素原子の電子
　　　　構造を綿密に展開。　　A5判328頁、3000円

　　　　　なるほど量子力学　Ⅲ　磁性入門

　　　　ミクロ世界の磁性を扱う。強磁性という性質に
　　　　焦点をあてた類書のない入門書。
　　　　　　　　　　　　　　　　　A5判260頁、2800円

保江邦夫　　**武道の達人**　柔道・空手・拳法・合気の極意と物理学

　　　　三船十段の空気投げ、空手や本部御殿手、少林
　　　　寺拳法の技などの秘術を物理的に解明 。
　　　　　　　　　　　　　　　　　46判224頁、1800円

　　　　　量子力学と最適制御理論

　　　　この世界を支配する普遍的な法則・最小作用原
　　　　理から、量子力学を再構築した力作。
　　　　　　　　　　　　　　　　　B5判240頁、5000円

―――――――――――本体価格―――――――――――